高等职业教育机电类专业"十三五"规划教材

数控车削技术实训

主　编　钱志萍　　陆浩刚

参　编　彭　正　　朱跃先

主　审　陈海滨

西安电子科技大学出版社

内 容 简 介

本书结合国家相关职业资格标准和规范编写而成。全书共有 6 个项目，分成 28 个任务。这 6 个项目分别是：数控车床操作、数控车床程序编制、单一结构加工、中级工技能训练、数控车床宏程序的编制、高级工技能训练。附录部分为两套江苏省职业技能鉴定数控车工高级理论知识样题及参考答案，方便学生复习、自测。

本书根据教学实际情况，内容上最大化地采用企业真实项目作为教学案例，并采用项目、任务的格式体例进行编写。中、高级工技能训练部分结合目前普遍使用的数控车床类型开展编写。因数控车床的工位和学生数的原因，具体实施教学时，可作相应处理。高级工理论学习与技能训练可交叉进行。

本书可作为五年制高职或三年制高职高专院校及成人教育学院和技师学院的数控加工类专业的教材，也可供从事数控车床操作工作的技术人员参考。

图书在版编目(CIP)数据

数控车削技术实训/钱志萍，陆浩刚主编. —西安：西安电子科技大学出版社，2018.12
ISBN 978 - 7 - 5606 - 5041 - 8

Ⅰ.① 数…　Ⅱ.① 钱…②陆…　Ⅲ.① 数控机床—车床—车削—技术培训—教材
Ⅳ.① TG659.1

中国版本图书馆 CIP 数据核字(2018)第 212173 号

策划编辑　李惠萍　秦志峰
责任编辑　张　倩
出版发行　西安电子科技大学出版社(西安市太白南路 2 号)
电　　话　(029)88242885　88201467　　　邮　　编　710071
网　　址　www.xduph.com　　　　　　　　电子邮箱　xdupfxb001@163.com
经　　销　新华书店
印刷单位　陕西利达印务有限责任公司
版　　次　2018 年 12 月第 1 版　　2018 年 12 月第 1 次印刷
开　　本　787 毫米×1092 毫米　1/16　印张 13.5
字　　数　315 千字
印　　数　1～3000 册
定　　价　33.00 元
ISBN 978 - 7 - 5606 - 5041 - 8/TG

XDUP 5343001 - 1

＊＊＊如有印装问题可调换＊＊＊

前　言

　　本书根据五年制数控技术、模具设计与制造等专业人才培养方案中的课程标准要求，结合高级工考工标准，借鉴数控车床中、高级工最新题库编写而成。按照教学顺序与学生认知规律序列化了所有知识点、基本技能，方便学生循序渐进地学习。

　　鉴于当前各学校现有数控系统现状，编程系统采用发那科(FANUC)系统，以项目式任务驱动体例编写，基本功训练部分各零件结构、尺寸的确定既便于加工、测量，又兼顾材料的最大化利用；中、高级训练部分则严格按照考工要求执行。

　　全书共有6个项目，分成28个任务。这6个项目分别是：数控车床操作、数控车床程序编制、单一结构加工、中级工技能训练、数控车床宏程序的编制、高级工技能训练。附录部分为两套江苏省职业技能鉴定数控车工高级理论知识样题及参考答案，方便学生复习、自测。

　　本书由江苏省惠山中等专业学校钱志萍、陆浩刚老师担任主编，其中陆浩刚负责制定编写大纲和最后统稿，江苏省江阴中等专业学校彭正、江苏省东台中等专业学校朱跃先参与了部分内容的编写。其中，项目1、4由钱志萍编写，项目2由朱跃先编写，项目3及附录部分由陆浩刚编写，项目5、6由彭正编写。

　　常州刘国钧高等职业技术学校的王猛教授及江苏锦绣铝业有限公司的陈立云高级工程师，对本书的编写提供了大量实例，给予了中肯的建议。江苏省海门中等专业学校陈海滨担任本书的主审，对全部书稿进行了认真、仔细的阅读，提出了许多宝贵意见。由于编者水平有限，且时间仓促，书中难免有不足与遗漏，望广大读者多提宝贵意见。

编　者

2018 年 4 月 21 日

目 录

项目 1　　数控车床操作

数控车床基本操作是学习数控车床编程和操作的基础和前提，操作人员必须要经过正规培训才能操作数控车床，以免误操作而造成设备事故。数控车床操作主要包括数控车床操作面板的认识，数控车床的开和关，主轴的启动和停止，刀架的转动和移动，数控程序的编辑、验证和启动，工件零点的设置和验证，数控车床的维护和保养。

任务 1.1　　熟悉数控车床操作面板

【任务引入】

（1）了解数控车床操作面板的组成；

（2）熟悉数控系统操作面板，认识功能键的含义并能进入子页面；

（3）熟悉数控车床控制面板，知道各键的功能。

【任务分析】

数控车床操作面板是数控车床的重要组成部件，是操作人员与数控车床（系统）进行交互的工具。数控车床的类型和数控系统的种类很多，各生产厂家设计的操作面板也不尽相同，但操作面板中各种旋钮、按钮和键盘的基本功能与使用方法基本相同。学习者在操作车床之前，必须熟悉数控系统操作面板和数控车床控制面板，认识各键的功能，为正确地操作数控车床做好准备。

【任务实施】

一般数控车床操作面板由数控系统操作面板和数控车床控制面板两部分组成。对于数控系统操作面板，各生产厂家主要采用的是 FANUC 0i 系统，这一点都是相同的；而对于数控车床控制面板，则因生产厂家的不同而有所不同，主要是按钮和旋钮的位置与设置不同。

一、认识 FANUC 0i 数控系统操作面板

数控系统操作面板由显示屏和 MDI 键盘两部分组成，其中显示屏主要用来显示相关坐标位置、程序、图形、参数、诊断、报警等信息；而 MDI 键盘包括字母键、数字键以及功能键等，可以进行程序、参数、机床指令的输入及系统功能的选择，如图 1-1 所示。

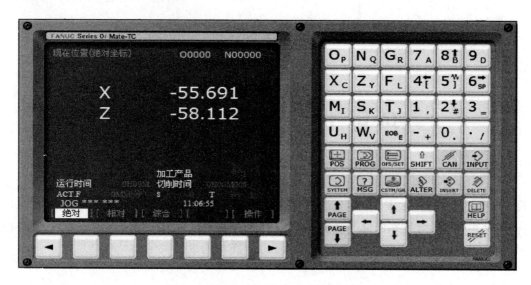

图 1-1　FANUC 0i 数控系统操作面板

1. 数字/字母键及其功能说明(见表 1-1)

表 1-1　数字/字母键及其功能说明

数字/字母键	功　能　说　明
数字/字母键区域	数字/字母键用于输入数据到输入区域,系统自动判别取字母还是取数字。字母和数字通过 SHIFT 键切换输入,如 N 切换为 Q,8 切换为 B

2. 编辑键及其功能说明(见表 1-2)

表 1-2　编辑键及其功能说明

编辑键	功　能　说　明
ALTER	替代键,用输入区的数据替换光标所在处的数据
DELETE	删除键,删除光标所在处的数据;或者删除一个数控程序,或者删除全部数控程序
INSERT	插入键,把输入区的数据插入到当前光标之后的位置
CAN	修改键,消除输入区内的数据
EOB E	回车换行键,结束一行程序的输入并且换行
SHIFT	上挡键,按下此键,再按"数字/字母键"时,输入的是"数字/字母键"右下角的字母或符号。如直接按下 X_C 输入的为"X",而按下 SHIFT 键再按 X_C,则输入的为"C"

3. 功能键及其功能说明(见表 1-3)

表 1-3　功能键及其功能说明

功能键	功　能　说　明
PROG	数控程序显示与编辑页面
POS	位置显示页面,显示现在机床的位置。位置显示有多种方式,可用【PAGE】按钮选择,或用软功能键选择
OFS/SET	参数输入页面,用于设定工件坐标系、显示补偿值与宏程序量
SYETEM	系统参数页面
MSG	信息页面,如"报警"
CSTM/GR	图形参数设置页面
HELP	系统帮助页面
RESET	复位键,在编辑状态下,按下此键,光标回到程序开头;当机床自动运行时,按下此键,则机床的所有操作停止,此状态下,若恢复自动运行,程序将从头开始执行

4. 翻页按钮及其功能说明(见表 1-4)

表 1-4　翻页按钮及其功能说明

翻页按钮	功　能　说　明
PAGE ↑	向上翻页
PAGE ↓	向下翻页

5. 光标移动键及其功能说明(见表 1-5)

表 1-5　光标移动键及其功能说明

光标移动键	功　能　说　明
↑	向上移动光标
↓	向下移动光标
←	向左移动光标
→	向右移动光标

6. 输入键及其功能说明(见表1－6)

表1－6 输入键及其功能说明

输入键	功 能 说 明
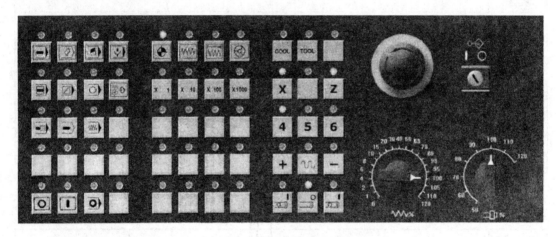INPUT	输入键，把输入域内的数据输入到参数页面或者输入到一个外部的数控程序

二、认识 FANUC 0i 数控车床控制面板

FANUC 0i 数控车床控制面板如图1－2所示，该面板主要用于控制车床运行状态，由操作模式开关、主轴转速倍率调整按钮、进给速度调节旋钮、各种辅助功能选择开关、手轮、各种指示灯等组成。

图1－2 FANUC 0i 数控车床控制面板

各按钮功能说明如表1－7所示。

表1－7 FANUC 0i 数控车床控制面板各按钮功能说明

功能键	功 能 说 明
	AUTO 自动加工模式。在事先编辑好的工件加工程序的存储器中，选择好要运行的加工程序，设置好刀具偏置值。在防护门关好的前提下，按下此键，再按下循环启动按钮，机床的加工程序就开始运行
	EDIT 编辑模式。在程序保护开关通过钥匙接通的条件下，可以编辑、修改、删除或传输工件加工程序
	MDI 方式，也叫手动数据输入方式。它具有从 CRT/MDI 操作面板输入一个程序段的指令并执行该程序段的功能
	增量进给

续表

功能键	功　能　说　明
手轮模式	手轮模式。在此模式下，手摇脉冲发生器(手轮)才起作用，需通过按钮开关选择 X、Z 方向，同时选择好手轮的倍率
JOG模式	JOG 模式，也叫手动模式。通过 X、Z 轴方向移动按钮，实现两轴各自的连续移动并通过进给倍率开关选择连续移动的速度，而且还可按下快速按钮，实现快速连续移动
RS232	用 RS232 端口数据线连接 PC 机和数控机床，选择程序传输加工
回参考点	回参考点键，也叫回零键。如果机床所用位置检测系统为绝对位置检测系统，那么机床开机后不用回零；如果用的是相对位置检测系统，那么机床开机后必须回零。机床要求先＋X 方向回零，再＋Z 方向回零，防止刀台等碰撞尾座，回零指示灯亮，则说明回零方式起作用。通常可以用手动、自动、编辑、MDI、手摇等方式取消回零方式
循环启动	循环启动键。模式选择旋钮在"AUTO"或"MDI"模式下，按下该键有效，其他时间按下无效
程序停止	程序停止键。在程序运行中，按下此按钮停止程序运行
主轴正转	手动主轴正转
主轴反转	手动主轴反转
停止主轴	手动停止主轴
单段	单段键。在自动加工试切时，出于安全考虑，可选择单段执行加工程序功能。单段键仅对自动方式有效。单段键灯亮时有效，执行完一个程序段，机床停止运行，若按循环启动按钮后，可再执行下一个程序段，而后机床运动又停止
跳步	跳步键。自动加工时，系统可跳过某些特定的程序段，称为跳步。在自动运行过程中，按下跳步键，使跳步功能有效，机床将在运行中跳过带有"/"跳步符号的程序段，向下执行程序
程序停	程序停。自动方式下，遇有 M00，程序停止
空运行	机床空运行。自动加工启动前，不将工件或刀具装上机床，进行机床空运行，以检查程序的正确性。按下"空运行"按钮，使空运行有效，此时按下程序启动按键，机床会忽略程序指定的进给速度，因为空运行时的进给速度与程序无关，而以系统设定的快速进给速度运行程序。此操作常与机床锁功能一起用于程序的校验，但不能用于加工零件

功能键	功 能 说 明
	手动示教
COOL	冷却液开关
TOOL	在刀库中选刀
	程序重启动。由于刀具破损等原因程序自动停止后，程序可以从指定的程序段中重新启动
	机床锁住。机床锁住可以在不移动机床的情况下监测位置显示的变化。在手动运行或自动运行中，停止向伺服电极输出脉冲，但依然在执行指令分配，绝对坐标和相对坐标也可得到更新，所以操作者可以通过观察位置的变化来检查指令编制是否正确。灯亮时，机床锁住有效。通常该功能用于加工程序的指令和位移的检查
	程序停止。程序运行中，按下此键程序停止
X 1 X 10 X 100 X1000	×1：在手轮进给方式下，×1按钮按下，×1指示灯亮，手轮进给单位为最小输入增量×1。×1表示手轮旋转一刻度时机械移动距离为0.001 mm。 ×10：在手轮进给方式下，×10按钮按下，×10指示灯亮，手轮进给单位为最小输入增量×10。×10表示手轮旋转一刻度时机械移动距离为0.01 mm。 ×100：在手轮进给方式下，×100按钮按下，×100指示灯亮，手轮进给单位为最小输入增量×100。×100表示手轮旋转一刻度时机械移动距离为0.1 mm。 ×1000：在手轮进给方式下，×1000按钮按下，×1000指示灯亮，手轮进给单位为最小输入增量×1000。×1000表示手轮旋转一刻度时机械移动距离为1 mm

三、在数控车床上认识操作面板

在实训车间的数控车床上认识操作面板，在教师的指导下，尝试操作各键和旋钮。

（1）认识功能键，能进入位置显示键（POS）、程序管理键（PROG）、偏置设定键（OFS/SET）、系统参数键（SYSTEM）、报警显示键（MESSAGE）和图形显示键（GAPH）页面，并能进入下一级子页面。

（2）认识数控车床控制面板上的各键和旋钮，加强感性认识。

【任务评价】

在数控车床上，对照操作面板，能说出各键的名称和功能。学生分组进行自评和互评，并将评价结果填写到表1-8中。

表 1－8　熟悉操作面板评分表

序号	考核内容	考核内容	配分	评分标准	自评	互评	得分
1	数控系统操作面板	编辑键	10	错 1 处扣 2 分			
2		复位键	3	答错扣分			
3		光标移动键	3	答错扣分			
4		位置显示键	5	答错扣分			
5		程序管理键	5	答错扣分			
6		偏置设定键	5	答错扣分			
7		系统参数键	3	答错扣分			
8		报警显示键	3	答错扣分			
9		图形显示键	4	答错扣分			
10	数控车床控制面板	急停按钮	5	答错扣分			
11		电源控制按钮	5	答错扣分			
12		操作方式选择按钮	5	答错扣分			
13		速率修调旋钮	5	答错扣分			
14		程序运行控制键	5	答错扣分			
15		程序运行测试键	5	答错扣分			
16		程序启动、暂停键	5	答错扣分			
17		快速倍率旋转按钮	5	答错扣分			
18		坐标轴手动控制按钮	5	答错扣分			
19		主轴手动控制按钮	5	答错扣分			
20		零点复位键	5	答错扣分			
21		冷却控制按键	5	答错扣分			
22		工作灯按键	2	答错扣分			
合　计			100				

任务 1.2　数控车床基本操作

【任务引入】

（1）掌握数控车床的基本操作方法和步骤；

（2）熟悉移动各坐标轴键的方式，会设置主轴转速、正反转，学会刀架换刀等操作。

【任务分析】

数控车床的类型和数控系统的种类很多，各生产厂家设计的操作面板也不尽相同，但操作面板中各种旋钮、按钮和键盘的基本功能与使用方法基本相同。操作者必须熟练掌握基本操作，以便正确地操作数控车床设备。

【任务实施】

一、开机与关机

1. 开机

开机步骤如下：

（1）检查机床初始状态，以及控制柜前的前、后门是否关好。

（2）合上机床后面的空气开关，手柄的指示标志到【ON】的位置。

（3）确定机床电源接通后，按下机床操作面板上的 ▨ 按钮，进入数控系统界面，右旋松开"急停"按钮，系统复位，对应于目前的加工方式为"手动"。

（4）回参考点，也称回零。按下机床操作面板上的 ▨ 按钮，按 ▨ 按钮，再按 ▨ 按钮，观察坐标位置，当坐标位置为零时，回零指示灯亮，表示已回参考点。

2. 关机

关机步骤如下：

（1）确认机床的运动全部停止，按下机床操作面板上的"急停"按钮，再按下 ▨ 按钮，CNC 系统电源被切断。

（2）将主电源开关置于【OFF】位置，切断机床电源。

二、轴移动操作

1. 点动操作

按下 ▨ 按钮，先设定进给修调倍率，再按 ▨ 或者 ▨ 、▨ 、▨ 按钮，坐标轴连续移动；在点动进给时，同时按下 ▨ 按钮，则产生相应轴的正向或负向快速运动。

2. 增量进给

按下面板上的 ▨ 按钮（指示灯亮），再按下 ▨ 或者 ▨ 、▨ 、▨ 按钮不放开，可移动一个增量值，不能连续移动。

增量进给的增量值由 ▨ 、▨ 、▨ 、▨ 四个增量倍率按钮控制。增量倍率按钮和增量值的对应关系如表 1-9 所示。

表 1-9　增量倍率对应值

增量倍率按钮	×1	×10	×100	×1000
增量值/mm	0.001	0.01	0.1	1

3. 手摇进给

以 X 轴为例,说明手摇进给操作方法。将坐标轴选择开关置于 ▣ 挡,顺时针/逆时针旋转手摇脉冲发生器一格,可控制 X 轴向正向或负向移动一个增量值。连续发生脉冲,则连续移动机床坐标轴。

手摇进给的增量值由三个增量倍率 X1 、 X10 、 X100 按钮控制。手摇增量倍率按钮和增量值的对应关系表如表 1-10 所示。

表 1-10　手摇增量倍率对应量

增量倍率按钮	×1	×10	×100
增量值/mm	0.001	0.01	0.1

三、显示坐标方式

数控车床 CRT 面板显示坐标的按钮为 ▣ POS 按钮。在显示界面有三种坐标,分别是绝对、相对、综合。

(1)绝对坐标:建立工件坐标系后,形成的坐标,用 X、Z 表示,X 为直径值。

(2)相对坐标:把上一个坐标点视为"假想零点",移动一段距离后,形成的坐标用 U、W 表示,U 为直径值。

(3)综合坐标:一个界面内同时显示相对坐标、绝对坐标、机械坐标。

四、刀架换刀操作

刀架换刀一般是按刀位号从小到大顺序进行的,通常在 MDI 方式下才能进行换刀操作。换刀操作步骤如下:

(1)选择 ▣ ,按下 ▣ PROG 按钮,再按下【MDI】软功能键。

(2)输入需要的刀位号,比如"T0101",按下插入键 ▣ INSERT ,将其输入。

(3)按下循环启动按钮 ▣ ,进行刀架换刀。

★注意:换刀前一定要将刀架移至安全位置。

五、主轴正反转操作

主轴正反转有两种方式,一种是在 MDI 方式下,另一种是在 JOG(手动)方式下。但发那科系统的数控机床在刚开机后手动方式不能使主轴正反转,必须在 MDI 方式下给主轴一个基准速度后,手动方式才能使得主轴正反转。

1. MDI 方式

MDI 方式下的主轴正转操作步骤如下：

(1) 选择 ![图标]，按下 ![PROG] 按钮，再按下【MDI】软功能键。

(2) 输入主轴正转指令及转速，比如"S500 M03"，按下 ![INSERT] 按钮，将其输入。

(3) 按下 ![图标] 按钮，主轴正转。

(4) 调节主轴转速按钮，使其旋转指针为 100%，当前转速为 500 r/min。如果旋转指针在 50%，则当前主轴转速为 250 r/min。

(5) 在 PROG 界面中输入 M05 指令，主轴停转（同上步骤可以进行主轴反转操作）。

选择 JOG 方式，按下主轴停止按钮，主轴停止。

2. JOG 方式

JOG 方式的前提条件是：开机后已经通过第一种方式给定转速。JOG 方式下，主轴正/反转操作步骤如下：

(1) 选择 ![图标] 按钮，进入手动环境。

(2) 按主轴正/反转按钮（任选其一），主轴即实现正转或者反转。

(3) 通过主轴转速调节按钮调节主轴转速（调节范围在给定主轴转速的 50%～120%）。

(4) 按主轴反转按钮，主轴停转。

六、急停按钮操作

急停按钮操作步骤如下：

(1) 机床在遇到紧急情况时，应立即按下急停按钮，使得主轴和进给全部停止。

(2) 急停按钮被按下后，机床被锁住，电机电源被切断。

(3) 当清除故障因素后，急停按钮复位，机床操作正常。

★注意：

① 此按钮按下时，会产生自锁，但通常旋转此按钮即可释放。

② 当机床故障排除，急停按钮旋转复位后，一定要进行回零（回参考点）操作后再进行其他操作。

七、超程释放操作

当机床移动到工作区间极限时，会压住限位开关，数控系统会产生超程报警，此时机床不能工作。一般数控机床采用软件超程保护和硬件保护方式，软件超程必须使机床回零后才有效。

解除过程如下：

JOG 方式→同时按下与超程方向相反的点动按钮（或者用手摇脉冲发生器）向相反方向移动，使机床脱离极限位置而回到工作区间→按复位键。

八、在数控车床上练习基本操作

在教师的指导下，在数控车床上尝试开关机操作、轴移动操作、主轴正反转操作等。

【任务评价】

在数控车床上进行数控车床基本操作。学生分组进行自评和互评，并将评价结果填写到表 1 - 11 中。

表 1 - 11　数控车床的基本操作评分表

序号	考核内容	配分	评分标准	自评	互评	得分
1	正确开机与关机	10	每错一处扣 5 分			
2	点动操作移动坐标轴	15	每错一处扣 5 分			
3	按指定增量倍率移动坐标轴	20	每错一处扣 5 分			
4	手摇进给移动坐标轴	20	每错一处扣 5 分			
5	刀架换刀操作	10	每错一处扣 5 分			
6	主轴正反转操作	15	每错一处扣 5 分			
7	超程释放操作	10	每错一处扣 5 分			
合　计		100				

任务 1.3　程序编辑、调试与运行

【任务引入】

（1）了解数控车床编程操作面板常用功能键；

（2）学会数控车床程序手工输入与编辑的方法；

（3）了解数控车床程序调试与运行常用功能键；

（4）学会程序的调试与运行。

【任务分析】

数控车床编程分自动编程与手工编程。自动编程一般靠传输线传输程序，而对于初学者来说，先要学会手工编程。所谓手工编程，是利用数控系统的输入面板手动输入程序，进行程序编辑，并且对程序进行校验，确保程序的正确性。

【任务实施】

一、数控程序的输入与编辑

程序编辑操作包括新程序的建立，字的插入、搜索、删除和替换等。编辑操作还包括程序的调用、删除、复制等。

1. 创建新程序

创建新程序的步骤如下：

（1）按下工作方式编辑键 ，进入编辑工作模式。

（2）按程序键 ，进入程序页面，按下【DIR】软功能键，查看数控系统中已存程序目录。

（3）键入程序名，如"O1234"，但不可以与已有的程序名重复。

（4）按下插入键 ，按下换行键 ，再按下插入键 ，若程序名已建立好，则开始程序输入。

（5）每输完一段程序，按下换行键 ，再按下插入键 ，再继续输入下一段程序。

（6）程序全部输完，按下复位键 ，返回程序开始部分。

2. 数控程序的编辑

1）程序的调用

调用程序的步骤如下：

（1）按下工作方式编辑键 ，进入编辑工作模式。

（2）按下程序键 ，进入程序页面。

（3）输入程序名，如"O1234"。

（4）按向下移动光标键 ，或按【O检索】软键，即可调出该程序。

2）程序的删除

删除程序的步骤如下：

（1）按下工作方式编辑键 ，进入编辑工作模式。

（2）按程序键 ，进入程序页面。

（3）输入程序名，如"O1234"。

（4）按删除键 ，该程序即被删除。如要删除所有程序，输入"O－9999"，按删除键 ，所有程序全部删掉。

3）程序的复制

复制程序步骤如下：

（1）按下工作方式编辑键 ，进入编辑工作模式。

（2）按下程序键 ，进入程序页面。

（3）按下【操作】软键。

（4）按下扩展键 。

（5）按下【EX-EDT】软键。

（6）检查复制的程序是否已经选择，并按下【COPY】软键。

（7）按下【ALL】软键。

（8）输入新建的程序名（只输入数字，不输入地址字"O"）。

（9）按下【EXEC】软键即可。

4）字的搜索

字的搜索步骤如下：

（1）按程序调用的步骤，调出程序。

（2）按下光标移动键 ← → ↓ ↑ ，结合翻页键 ↑PAGE PAGE↓ ，一个字一个字地移动搜索；或者输入要搜索的字，如"Z100"，按【检索↑】【检索↓】向上向下查找。

5）字的插入、替换、删除

字的插入、替换、删除步骤如下：

（1）按程序调用的步骤调出程序。

（2）把光标移至要插入字的前面，输入需要插入的字，按下插入键 INSERT ，输入区内的字就插入到光标的后面。

（3）把光标移至要替换的字处，输入正确的字，按下替换键 ALTER ，输入区内的字就替换光标所在位置的字。

（4）把光标移至要删除的字处，按下删除键 DELETE ，光标所在位置的字即被删除。

二、数控程序的调试与运行

数控程序手动输入机床后，不一定能确保程序的准确性，因此要对加工程序进行进一步全面的检查校验，以确保自动加工时零件的加工质量和机床的安全运行。

1. 图形模拟加工

有图形模拟加工功能的数控车床，在自动加工前，为避免程序或车刀轨迹错误，可以对整个加工过程进行图形模拟加工，以检查刀具轨迹是否正确。

2. 机床程序运行预演

有些数控车床没有开通图形模拟加工功能，需要在程序自动运行过程中，将观察到的机床坐标位置、图形模拟显示和报警信息等结合起来检查程序和刀具轨迹是否正确。其步骤如下：

（1）把刀具移至安全位置，关上舱门。

（2）在编辑状态下调出要运行的程序，光标移至程序开始部分。

（3）先按下自动键 ⇥ ，再按下锁住键 ⇨ ，然后按下空运行键 〰 ，最后按下循环启动键 ▮ 。之后，程序便自动运行。

（4）程序运行后，按下图形参数键 CSTM/GR ，再按下【图形】软功能键，观察图形中的刀具轨迹。

（5）如刀具轨迹不正确，应修改程序，再运行上述步骤，直到刀具轨迹正确为止。

（6）如刀具轨迹正确，取消锁住键和空运行键。

（7）使用锁住键运行程序后，刀架的当前位置和屏幕显示的坐标位置不符合，需要恢复坐标。先按下位置键 ，再按下【操作】软功能键和 扩展键，之后按下【WRK-CD】软键和【全轴】软功能键，即可恢复坐标，也可以重新回到参考点来恢复坐标。

【任务评价】

在数控车床上编辑程序，并对程序进行运行调试。学生分组进行自评和互评，并将评价结果填写到表1-12中。

表 1-12　程序编辑及图形校验评分表

序号	考核内容	配分	评分标准	自评	互评	得分
1	建立新程序	30	出错一次扣 5 分			
2	调用程序	5	出错一次扣 5 分			
3	编辑程序	20	出错一次扣 5 分			
4	校验程序	30	出错一次扣 5 分			
5	删除程序	5	出错一次扣 5 分			
6	所用时间	10	超时 1 分钟扣 2 分			
合　计		100				

任务 1.4　数控车床对刀操作

【任务引入】

（1）了解对刀的重要性和原理；

（2）熟练安装工件和刀具；

（3）学会对刀的方法及步骤；

（4）学会验证刀补的正确性。

【任务分析】

设置工件零点（简称对刀）是数控加工中的主要操作和重要技能。在一定条件下，对刀的精度可以决定零件的加工精度，同时，对刀的效率还直接影响数控加工的效率。在数控车床的操作与编程过程中，弄清楚基本坐标关系和对刀原理是两个非常重要的环节，它对我们更好地理解机床的加工原理，以及在处理加工过程中修改尺寸偏差有很大的帮助。

【任务实施】

一、为什么要对刀

一般来说，零件的数控加工编程和上机床加工是分开进行的。数控编程员根据零件的设计图纸，选定一个方便编程的坐标系及原点，我们称之为工件坐标系和程序原点。程序原点一般与零件的工艺基准或设计基准重合，因此又称作工件原点。为了计算和编程方便，我们通常将程序原点设定在工件右端面的回转中心上。因为机械坐标系是机床唯一的基准，所以我们必须要弄清楚程序原点在机械坐标系中的位置。这通常在接下来的对刀过程中完成。

二、工件的装夹

车削加工时，根据车削加工的内容以及工件的形状、大小和加工数量不同，常采用卡盘装夹（又分为三爪自动定心卡盘装夹和四爪单动卡盘装夹两种）、顶尖装夹、心轴装夹等几种装夹方法，一般采用三爪自定心卡盘装夹。三爪自定心卡盘的夹紧力较小，一般仅适用于夹持表面光滑的圆柱形、六角形截面的工件。由于制造精度和使用中安装、磨损的影响以及铁屑末堵塞等原因，三爪自定心卡盘的定心精度（即定位表面的轴线与机床回转轴线的同轴度）为 0.05～0.15 mm。装夹时的注意事项如下：

（1）毛坯上的飞边，凸台应避开三爪的位置。

（2）卡爪夹持毛坯外圆长度一般不小于 10 mm，不宜夹持长度较短又有明显锥度的毛坯外圆。

（3）工件找正后必须夹牢。

（4）夹持棒料和圆筒工件时，悬伸长度一般不宜超过工件直径的 3～4 倍，以防工件弯曲、掉落而造成打刀事故。

（5）工件装夹后，卡盘扳手必须随即取下，以防开车后扳手撞击床面后"飞出"，造成人身事故。

三、刀具的装夹

装刀与对刀是数控车床加工中极其重要并十分棘手的一项工作。对刀的好与坏，将直接影响到加工程序的编制及零件的尺寸精度。通过对刀或刀具预调，还可同时测定其各号刀的刀位偏差，有利于设定刀具补偿量。车刀安装的注意事项如下：

（1）车刀不能伸出刀架太长，应尽可能伸出的短些。因为车刀伸出过长，刀杆刚性相对减弱，切削时在切削力的作用下，容易产生振动，使车出的工件表面有振纹，影响表面粗糙度。一般车刀伸出的长度不超过刀杆厚度的 1.5 倍。

（2）车刀刀尖的高低应对准工件的旋转中心。车刀安装得过高或过低都会引起车刀角度的变化而影响切削。根据经验，粗车外圆时，可将车刀装得比工件中心稍高一些；精车外圆时，可将车刀装得比工件中心稍低一些，这要根据工件直径的大小来决定。无论装高或装低，一般不能超过工件直径的 1%。

（3）装车刀用的垫片要平整，尽可能地用厚垫片以减少片数，一般只用 2～3 片。如果垫刀片的片数太多或不平整，则会使车刀产生振动，影响切削。装车刀时，应保证各垫片在刀杆正下方，且前端与刀座边缘平齐。

（4）车刀装上后，要紧固刀架螺钉，一般要紧固两个螺钉。紧固时，应轮换着逐个拧紧。同时要注意，一定要使用专用扳手，不允许再加套管等，以免使螺钉受力过大而损伤。

四、试切法的实施步骤

对刀的方法有很多种。按对刀的精度，可分为粗略对刀和精确对刀；按是否采用对刀仪，可分为手动对刀和自动对刀；按是否采用基准刀，又可分为绝对对刀和相对对刀等。但无论采用哪种对刀方式，都离不开试切对刀，试切对刀是最根本的对刀方法。

1. 设置 X 方向零点

工件和刀具装夹完毕，驱动主轴正转，移动 1 号外圆车刀至工件试切一段外圆。然后，保持 X 坐标不变，移动 Z 轴刀具离开工件，主轴停止，测量出该段外圆的直径。点击参数输入键  OFSET SET，点击【补正】软功能键，点击【形状】软功能键，进入刀具补偿参数界面，如图 1-3 所示。在 1 号刀补处，输入 X 外圆直径值（刚才测量的），点击【测量】软功能键，则 X 方向的刀具补偿值输入完毕。其他刀位的车刀分别轻轻接触外圆，在对应的刀补处输入相对应的外圆直径值即可。

图 1-3　刀具补偿参数界面

2. 设置 Z 方向零点

主轴正转，移动 1 号外圆车刀至工件车削端面（如果端面已经平好，只要轻轻碰至端面）。然后，保持 Z 坐标不变，移动 X 轴，刀具离开工件，点击参数输入键，进入刀具补偿参数界面。在 1 号刀补处，输入"Z0"，点击【测量】软功能键，则 Z 方向的刀具补偿值输入完毕。其他刀位的车刀分别轻轻接触端面，在对应的刀补处输入 Z0 即可。

3. 验证刀补值

对完刀后，要验证对刀的正确性。把 1 号车刀移至工件的右下角，主轴正转，在 MDI 中输入"G01 X 直径值 Z0 T0101 F0.5"，让车刀运行移动。假如车刀移动到工件外圆与端面的相交处，说明对刀基本正确。

【任务评价】

在实训车间中，学生依据安全文明生产和对刀验刀要求，分组进行自评和互评，并将评价结果填写到表 1−13 中。

表 1−13　数控车床对刀验刀要求评分表

序号	考核内容	配分	评分标准	自评	互评	得分
1	安全文明生产要求	20	错误一处扣 5 分			
2	工件、刀具装夹	20	错误一处扣 5 分			
3	X 方向对刀要求	20	错误全扣			
4	Z 方向对刀要求	20	错误全扣			
5	验刀要求	20	错误全扣			
	合　计	100				

任务 1.5　数控车床的日常维护

【任务引入】

（1）了解数控车床的日常维护要求以及维护方法；

（2）熟悉数控车床的安全文明生产要求。

【任务分析】

数控车床是一种自动化程度较高、结构较复杂的先进加工设备。要发挥数控车床的高效益，就必须正确地操作和精心地维护，这样才能保证设备的完好率和利用率。正确的操作使用能够防止机床非正常磨损，避免突发故障；做好日常维护保养，可使设备保持良好的技术状态，延缓劣化进程，及时发现和消灭故障隐患，从而保证安全运行和顺利生产。设备维护工作做好了，可以减少维修费用，降低产品成本，保证产品质量，提高生产效率。

操作人员要严格遵守操作规程和机床日常维护及保养制度，严格按机床和系统说明书的要求正确、合理地操作机床，尽量避免因操作不当影响机床使用。

【任务实施】

一、数控车床的日常维护

1. 数控车床日常维护的注意点

数控车床日常维护保养的要求，在数控车床的使用、维修说明书中一般都有明确的规定。总的来说，要注意以下几点：

(1) 保持工作范围的清洁，使机床周围保持干燥，保持工作区域照明良好。

(2) 保持机床清洁，每天开机前，应在实训教师指导下对各运动副加油润滑，并使机床空运转三分钟后，再按说明调整机床，最后检查机床各部件手柄是否处于正常位置。

(3) 导筒上的齿条务必经常保持干净。

(4) 爱护机床工作台面和导轨面。毛坯件、手锤、扳手、锉刀等不准直接放在工作台面和导轨面上。

(5) 下班前，按电脑关闭程序关闭电脑，切断电源，并将键盘、显示器上的油污擦拭干净。

(6) 学生必须在每天下班前半小时关闭电脑，清洁机床，并在实训教师指导下对各运动副加油润滑，打扫车间的环境卫生，且待实训教师检查后方可离岗。

2. 数控车床日常维护保养部分的内容(见表 1 - 14)

表 1 - 14　数控车床日常维护保养部分的内容

序号	检查周期	检查部位	检查要求
1	每天	导轨润滑	检查润滑油的油面、油量，若不足应及时添加油；检查润滑油泵能否定时启动、打油及停止，以及导轨各润滑点在打油时是否有润滑油流出
2	每天	X、Z 及回旋轴导轨	清除导轨面上的切屑、脏物、冷却水剂；检查导轨润滑油是否充分，导轨面上有无划伤及锈斑，导轨防尘刮板上有无夹带铁屑
3	每天	气液转换器和增压器	检查存油面高度并及时补油
4	每天	主轴箱内润滑和恒温油箱	恒温油箱正常工作，由主轴箱上的油标确定是否有润滑油，调节油箱制冷温度保证其能正常启动，制冷温度不要低于室温太多(相差 2~5℃，否则主轴容易产生空气水分凝聚)
5	每天	数控系统及输入/输出	光电阅读机的清洁，机械结构润滑良好，外接快速穿孔机或程序服务器连接正常
6	每天	各种电气装置及散热通风装置	数控柜、机床电气柜的进气排气扇工作正常，风道过滤网无堵塞，主轴电机、伺服电机、冷却风道正常，恒温油箱、液压油箱的冷却散热片通风正常

续表

序号	检查周期	检查部位	检查要求
7	每天	主轴箱液压平衡系统	平衡油路无泄露，平衡压力指示正常，主轴箱上下快速移动时压力波动不大，油路补油机构动作正常
8	每天	各种防护装置	导轨、机床防护罩应动作灵敏而无漏水，机床工作区防护栏检查门开关应动作正常，恒温油箱、液压油箱的冷却散热片通风正常
9	每周	各电柜进气过滤网	清洗各电柜进气过滤网
10	半年	滚珠丝杠螺母副	清洗丝杠上旧的润滑油脂，涂上新的油脂，清洗螺母两端的防尘网
11	半年	液压油路	清洗溢流阀、减压阀、滤油器、油箱，更换或过滤液压油，注意加入油箱的新油必须经过过滤和去水分
12	半年	主轴油箱	清洗过滤器，更换润滑油，检查主轴箱各润滑点是否正常供油
13	每年	检查并更换直流伺服电机碳刷	从碳刷窝内取出碳刷，用酒精清除碳刷窝内和整流子上的碳粉。当发现整流子表面被电弧烧伤时，应抛光表面、去毛刺，检查碳刷表面和弹簧有无失去弹性，而后更换长度更短的碳刷，并空运行一段时间后才能正常使用
14	每年	润滑油泵、过滤器等	清理润滑油箱池底，清洗更换滤油器
15	不定期	各轴导轨上镶条、压紧滚轮、丝杠	按机床说明书上规定调整
16	不定期	冷却水箱	检查水箱液面高度，看冷却液装置是否工作正常，冷却液是否变质，经常清洗过滤器，疏通防护罩和床身上各回水通道，必要时更换并清理水箱底部
17	不定期	清理废油池	及时取走废油池以免外溢，当发现油池中突然油量增多时，应检查液压管路中的漏油点
18	不定期	排屑器	经常清理切屑，检查有无卡位现象

二、安全文明实训要求

1. 文明操作规程

（1）严格遵守上课纪律，不迟到、不早退，严格听从实训老师的上课安排，不得擅自调换岗位。

（2）认真执行岗位责任制，严格遵守操作规程，不做与本职无关的事。

（3）开车前，应检查车床各部分机构是否完好，各手柄位置是否正确。启动后，主轴应低速空转1～2分钟。

（4）下班前，应清除车床上及车床周围的切屑及冷却液，擦干净后按规定在加油部位加润滑油。

（5）实行定期维护保养制度，保证机床安全运行。

（6）一旦发生事故，应立即采取措施，防止事故过大，并保护好现场。

2. 安全操作技术

（1）数控车床的开机、关机顺序，一定要按照说明书的规定操作。

（2）主轴启动开始切削之前，要关好防护罩门，程序正常运行中禁止开启防护罩门。

（3）数控车床发生故障，操作者要注意保护现场，并向维修人员如实说明故障发生的前后情况，以利于分析情况，查找故障原由。

（4）要认真填写数控车床的工作日志，做好交接班工作，消除事故隐患。

（5）不得随意更改控制系统内制造厂设定的参数。

（6）加工程序必须在经过严格校验后方可进行自动操作运行。在加工过程中，一旦出现异常现象，应立即按下"急停"按钮，以确保人身和设备的安全。

（7）穿好工作服，戴好防护眼镜。女生应戴好工作帽，头发或辫子应塞入帽内。

（8）车间内严禁追逐吵闹，不准串岗。工作时，应集中精力，不能擅自离开工位。

（9）工件和车刀装夹应牢固，以防它们飞出伤人。卡盘扳手用完后要随时取下。

（10）工作时不准戴手套。车床运转时，不准用棉纱擦拭工件，不准用卡尺测量工件，不准用手直接去清理切屑，应用专用钩子。

（11）不准使用无柄锉刀。使用锉刀时，要右手在前，左手在后。

【任务评价】

在实训车间中，学生依据数控车床、工量刀具的维护保养及安全文明实训要求，分组进行自评和互评，并将评价结果填入表1－15。

表1－15 数控车床、工量刀具的维护保养及安全文明实训要求评分表

序号	考核内容	配分	评分标准	自评	互评	得分
1	数控车床日常维护和保养	20	答错一处扣5分			
2	工具摆放和保养	10	答错一处扣5分			
3	量具摆放和保养	10	答错一处扣5分			

序号	考核内容	配分	评分标准	自评	互评	得分
4	刀具摆放和保养	10	答错一处扣 5 分			
5	文明实训要求	25	答错一处扣 5 分			
6	安全实训要求	25	答错一处扣 5 分			
	合　计	100				

【项目拓展】

1. 为增强企业的凝聚力，职业道德中并不包括(　　)的关系。

　　A. 协调企业职工间　　　　　　　　B. 调节领导与职工

　　C. 协调职工与企业　　　　　　　　D. 调节企业与市场

2. 保持工作环境清洁有序，不正确的是(　　)。

　　A. 优化工作环境　　　　　　　　　B. 工作结束后再清除油污

　　C. 随时清除油污和积水　　　　　　D. 整洁的工作环境可以振奋职工精神

3. (　　)是职业道德的根本。

　　A. 职业纪律　　　　B. 诚实守信　　　　C. 爱岗敬业　　　　D. 办事公道

4. 下列说法中，不符合从业人员开拓创新要求的是(　　)。

　　A. 坚定的信心和顽强的意志　　　　B. 先天生理因素

　　C. 思维训练　　　　　　　　　　　D. 标新立异

5. 一台数控车床必须具有的部件是(　　)。

　　A. 全封闭门　　　　B. 编码器　　　　C. 自动回转刀架　　　　D. 驱动系统

6. 计算机的内存储器比外存储器更优越体现在(　　)。

　　A. 内存存取速度快　　　　　　　　B. 内存贵且存储信息量少

　　C. 内存更便宜　　　　　　　　　　D. 内存存储信息更多

7. 下列不属于数控车床工作方式的是(　　)。

　　A. JOG　　　　　B. PLC　　　　　C. MDI　　　　　D. INC

8. 表面淬火方法主要有(　　)和火焰加热等。

　　A. 感应加热　　　　B. 遥控加热　　　　C. 整体加热　　　　D. 局部加热

9. (　　)时，前角应选大些。

　　A. 加工脆性材料　　　　　　　　　B. 加工的工件材料硬度高

　　C. 加工塑性材料　　　　　　　　　D. 加工脆性或塑性材料

10. 刀具磨损到一定程度后，需要刃磨换新刀。此时，需要规定一个合理的磨损限度，即为(　　)。

　　A. 刀具寿命　　　　B. 刀具耐用度　　　　C. 刀具稳定性　　　　D. 刀具可靠性

11. 刀具硬质合金含钨量多，其(　　)；而含钴量多的强度高、韧性好。

　　A. 硬度高　　　　B. 耐磨性好　　　　C. 工艺性好　　　　D. 制造简单

12. 主轴水平布置作旋转主运动，刀架沿床身作纵向运动，可车削各种旋转体和内外螺纹等，使用范围较广的车床是( )。

    A. 仿形车床   B. 立式车床   C. 转塔车床   D. 卧式车床

13. 将零件和部件组合成一台完整机器的过程，称为( )。

    A. 装配   B. 总装配   C. 部件装配   D. 组件装配

14. 由于普通车床的主轴转速由变速箱控制，所以其加工( )规格受到了一定的限制。

    A. 外圆尺寸   B. 端面尺寸   C. 孔的大小   D. 螺纹螺距

15. 每天工作前都必须对本岗位使用的工具和设备进行( )，确认是否异常。

    A. 点检   B. 清扫   C. 清点   D. 清洗

16. 质量改进是通过改进( )来实现的。

    A. 工序   B. 工艺   C. 生产   D. 过程

17. 以下属于劳动合同必备条款的是( )。

    A. 劳动报酬   B. 试用期   C. 保守商业秘密   D. 福利待遇

18. 违反我国《大气污染防治法》规定，向大气排放污染物及其污染物排放浓度超过国家和地方规定的排放标准的，应当( )。

    A. 缴纳排污费和超标排污费   B. 缴纳超标排污费

    C. 停产整顿   D. 限期治理并由环保部门处以罚款

19. 已知轴线正交的圆柱和圆锥具有公切球，正确的投影是( )。

        A   B   C   D

20. 下列中( )为形状公差项目的符号。

    A. ⊥   B. //   C. ◎   D. ○

21. 两拐曲轴颈的( )清楚地反映出两曲轴颈之间互成 180° 夹角。

    A. 俯视图   B. 主视图   C. 剖面图   D. 半剖视图

22. 在绘制装配图时，( )的绘制方法是错误的。

    A. 两个零件接触表面只用一条轮廓线表示，不能画成两条线

    B. 剖面图中接触的两个零件的剖面线方向应相反

    C. 要画实心杆件和一些标准件的剖面线

    D. 零件的退刀槽、圆角和倒角可以不画

23. 数控车床能成为当前制造业最重要的加工设备是因为( )。

    A. 自动化程度高   B. 对工人技术水平要求低

    C. 劳动强度低   D. 适应性强、加工效率高和工序集中

24. 编制数控车床加工工艺时，要进行以下工作：分析工件图样，确定工件装夹方法，选择夹具、刀具，确定切削用量、加工( )，并编制程序。

    A. 要求   B. 方法   C. 原则   D. 路径

25. 切削用量对刀具寿命的影响，主要是通过对切削温度的高低来控制的，所以影响刀具寿命最大的是( )。

　　　A. 背吃刀量　　　　　B. 进给量　　　　　　C. 切削速度　　　　　D. 以上三方面

26. 粗车蜗杆时，背吃刀量过大，会发生"啃刀"现象，所以在车削过程中，应控制（　　），防止"扎刀"。

　　　A. 切深　　　　　　　B. 转速　　　　　　　C. 进给量　　　　　D. 切削用量

27. 常用的夹紧装置有（　　）夹紧装置、楔块夹紧装置和偏心夹紧装置等。

　　　A. 螺旋　　　　　　　B. 螺母　　　　　　　C. 蜗杆　　　　　　D. 专用

28. 工件在机床上或在夹具中装夹时，用来确定加工表面相对于刀具切削位置的面叫（　　）。

　　　A. 测量基准　　　　　B. 装配基准　　　　　C. 工艺基准　　　　D. 定位基准

29. 下列不属于工艺基准的是（　　）。

　　　A. 工序基准　　　　　B. 辅助基准　　　　　C. 测量基准　　　　D. 装配基准

30. 工件的一个或几个自由度被不同的定位元件重复限制的定位称为（　　）。

　　　A. 完全定位　　　　　B. 欠定位　　　　　　C. 过定位　　　　　D. 不完全定位

31. 下列对于积屑瘤对切削过程的影响，说法错误的是（　　）。

　　　A. 增大前角　　　　　B. 增大已加工表面的粗糙度

　　　C. 增大切削厚度　　　D. 一直层积在前刀面上，降低了刀具寿命

32. 数控车床的信息指示灯 EMERGENCYSTOP 亮时，说明（　　）。

　　　A. 按下急停按钮　　　B. 主轴可以运转　　　C. 回参考点　　　　D. 操作错误且未消除

33. 数控车床超程报警的原因是（　　）。

　　　A. 主轴转速过高　　　　　　　　　　　　　B. 刀具切削力过大

　　　C. 进给速度过快　　　　　　　　　　　　　D. 工作台移动超出行程范围

34. 如需对已编程序进行修改，需在（　　）状态下进行。

　　　A. 手动　　　　　　　B. 自动　　　　　　　C. 编辑　　　　　　D. 手动数据输入

35. 单段运行程序的目的是（　　）。

　　　A. 切削加工更平稳　　　　　　　　　　　　B. 加工精度更高

　　　C. 验证程序，防止出错　　　　　　　　　　D. 降低操作者劳动强度，更人性化

36. 套类零件的外圆一般是套类零件的支承表面，常以（　　）同其他零件的孔相连接。

　　　A. 间隙配合　　　　　B. 过盈配合　　　　　C. 过渡配合　　　　D. 强力配合

37. 弹簧夹头是车床上常用的典型夹具，它能（　　）。

　　　A. 定心　　　　　　　B. 定心又能夹紧　　　C. 定心不能夹紧　　D. 夹紧

38. 当需要使用"一夹一顶"装夹工件时，工件必须要先进行（　　）加工。

　　　A. 车端面　　　　　　B. 车外圆　　　　　　C. 钻中心孔　　　　D. 车槽

39. 测量细长轴（　　）公差的外径时应使用游标卡尺。

　　　A. 形状　　　　　　　B. 长度　　　　　　　C. 尺寸　　　　　　D. 自由

40. 用千分尺测量工件后进行试读时（　　）。

　　　A. 不能取下　　　　　　　　　　　　　　　B. 必须取下

　　　C. 最好不取下　　　　　　　　　　　　　　D. 先取下，再锁紧，然后读数

41. 使用内测千分尺前，应清洁测量面，并（　　）。

　　　A. 轻敲测力装置　　　B. 校准零位　　　　　C. 卸下量爪　　　　D. 锁紧微分筒

42. 样板量规的作用是（　　）。

A. 检验工件被测要素与基准要素之间的平行度、垂直度和倾斜度

B. 检验工件被测要素与基准要素之间的同轴度、对称度和位置度

C. 检测工件的长度、宽度、高度和深度

D. 检验工件内腔和外形轮廓

43. 下列关于基孔制的描述中，（　　）是不正确的。

A. 基孔制的孔是配合的基准件　　　　　B. 基准孔的基本偏差为上偏差

C. 基准孔的上偏差数值为正值　　　　　D. 基准孔的下偏差数值为零

44. 下列位置公差符号中，不是定位公差的是（　　）。

A. ◎　　　　　　　B. ═　　　　　　C. ⊥　　　　　D. ⬦

45. 粗糙度符号（　　）表示表面用去除材料方法获得。

A. ✓　　　　　　　B. ✓̄　　　　　C. ✓○　　　　　D. 以上都是

46. 保持数控车床清洁有序，不正确的是（　　）。

A. 毛坯、半成品按规定堆放整齐　　　　B. 随时清除油污和积水

C. 导轨上少放物品　　　　　　　　　　D. 优化工作环境

47. 数控车床日常保养中，（　　）部位需每天进行检查。

A. 各防护装置　　　B. 废油池　　　　C. 冷却油箱　　　D. 排屑器

48. 机床拆卸时，最好按（　　）的顺序，分别将各部件分解成零件。

A. 先外后内、先下后上　　　　　　　　B. 先外后内、先上后下

C. 先内后外、先上后下　　　　　　　　D. 先内后外、先下后上

49. 电动刀架锁不紧时，应先采用（　　）的办法处理。

A. 延长刀架电机正转时间　　　　　　　B. 延长刀架电机反转时间

C. 用人工锁紧　　　　　　　　　　　　D. 更换刀架电机

50. 下列不是垫铁作用的是（　　）。

A. 减振　　　　　　　B. 消磁　　　　　C. 调整　　　　　D. 防振

项目 2　　数控车床程序编制

数控车床加工零件是将事先编制好的程序，通过一定的方式输入到机床的数控系统中，机床按照程序自动执行，完成对毛坯的切削加工。因此，编写的程序是否正确、合理将直接决定零件的加工质量和效率。本项目着重向大家讲解数控编程的基本概念、坐标系分类、编程尺寸的计算、基本编程和简化编程方法，通过大量的图表和实例使大家能对手工编程有一个初步的认识，对本书后续项目的实训操作起到理论指导的作用。

任务 2.1　　数控编程认知

【任务引入】

（1）了解数控编程的概念、种类、内容及步骤等；

（2）掌握数控车床的尺寸系统和坐标系设定；

（3）掌握一个完整程序的组成结构及程序段的一般格式。

【任务分析】

数控车床是一种高效的自动化加工设备，它严格按照加工程序，自动地对被加工工件进行加工。因此，熟练掌握程序编制的相关概念、格式，以及坐标建立规则等在整个数控加工技能学习中起着至关重要的作用。

【任务实施】

一、数控编程的基本概念

要在数控车床上加工零件，首先要进行程序编制，即在对加工零件进行工艺分析的基础上，确定零件的加工方案，并将刀具与毛坯相对运动的尺寸参数、零件加工的工艺路线、切削参数以及辅助操作等加工信息，按规定的指令代码及程序格式编写成加工程序单，再通过一定的方式（面板输入、磁盘输入、计算机通信输入）输入到机床的数控系统中，让程序指挥机床完成对工件的自动加工。这种从零件图样的分析到程序编制完成并输入进数控系统中的全过程称为数控程序编制。

二、数控编程的种类

数控编程的种类可分为手工编程和自动编程两种。

手工编程就是整个加工程序的编制过程（图样分析、工艺处理、数值计算、加工方案、程序编制、程序校验）完全由编程人员人工完成。这要求编程人员不仅要熟悉编程代码含义及编程规则，还必须拥有机械加工方面的工艺知识和较强的数值计算的能力。学会手工编程是学习数控编程的基本要求，目前主要应用在一些零件轮廓不复杂，工作量不大的场合。

自动编程是编程人员按图纸要求借助某个自动编程软件辅助完成数控程序编制的方法。编程人员只需按编程软件要求将加工零件的几何参数、工艺参数等输入软件，计算机就会自动完成程序的编制工作。自动编程解决了复杂零件的编程问题，减轻了编程人员的工作强度，提高了效率，降低了编程的出错率。自动编程代表了数控编程的发展方向，在数控编程中得到越来越广泛的应用。有些自动编程的软件（Mastercam、UG、Pro/E、CAXA 等）可以对零件造型后，设置各项加工参数，生成加工刀具轨迹，再按照各数控系统要求完成后置处理文件，生成与机床数控系统完全匹配的程序，最后通过机床与计算机的通信接口直接上传至机床数控系统，指挥机床顺利完成零件的加工。

三、数控编程的内容和步骤

数控编程的内容包括：图样分析和制定工艺方案；数学处理，确定工件坐标系和编程尺寸；编写程序；程序校验及首件试切。数控程序编制的内容和步骤如图 2-1 所示。

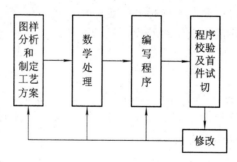

图 2-1　数控程序编制的内容及步骤

1）图样分析和制定工艺方案

图样分析和制定工艺方案这项工作的内容包括：对零件图样进行分析，明确加工的内容和要求；确定加工方案；选择适合的数控机床；选择或设计刀具和夹具；确定合理的走刀路线及选择合理的切削用量等。这一工作要求编程人员能够对零件图样的技术特性、几何形状、尺寸及工艺要求进行分析，并结合数控车床使用的基础知识，如数控车床的规格、性能、数控系统的功能等，确定加工方法和加工路线。

2）数学处理

在确定了工艺方案后，就需要根据零件的几何尺寸、加工路线等，计算刀具中心运动轨迹，以获得刀位数据。数控系统一般均具有直线插补与圆弧插补功能，对于加工由圆弧和直线组成的较简单的平面零件，只需要计算出零件轮廓上相邻几何元素交点或切点的坐标值，得出各几何元素的起点、终点、圆弧的圆心坐标值等，就能满足编程要求。当零件的几何形状与控制系统的插补功能不一致时，就需要进行较复杂的数值计算，一般需要使用计算机辅助计算，否则难以完成。

3）编写程序

在完成上述工艺处理及数值计算工作后，即可编写零件加工程序。编程人员使用数控系统的程序指令，按照规定的程序格式，逐段编写加工程序。编程人员只有对数控车床的功能、程序指令及代码十分熟悉，才能编写出正确的加工程序。

4）程序校验及首件试切

将编写好的加工程序输入数控系统，就可控制数控车床的加工工作。一般在正式加工之前，要对程序进行检验。通常可采用机床空运转的方式，来检查机床动作和运动轨迹的正确性，以检验程序。在具有图形模拟显示功能的数控车床上，可通过显示走刀轨迹或模拟刀具对工件的切削过程来对程序进行检查。对于形状复杂和要求高的零件，也可采用塑料或石蜡等易切材料进行试切来检验程序。通过检查试件，不仅可确认程序是否正确，还可知道加工精度是否符合要求。若能采用与被加工零件材料相同的材料进行试切，则更能反映实际加工效果。当发现加工的零件不符合加工技术要求时，可修改程序或采取尺寸补偿等措施。

四、数控编程的标准和代码

为满足数控车床的设计、制造、维修以及普及的需要，国际上广泛采用两种标准代码：ISO 国际标准化组织标准代码和 EIA 美国电子工业协会标准代码。

虽说这两种代码的编码方法不同，但是这两种代码在大多数现代数控车床上都可以使用。我国在 ISO 标准的基础上制定了 JB/T 3051—1999《数控机床坐标和运动方向的命名》、JB/T 3208—1999《数控机床准备功能 G 和辅助功能 M 的代码》等标准化代码，但各个机床生产厂家所用标准还没有做到完全统一，所用代码含义还不完全相同。因此，编程时必须按厂家提供的编程手册进行编写。

五、数控车床的尺寸系统和坐标系设定

在数控编程时，为了描述机床的运动，简化程序编制的方法及保证记录数据的互换性，数控车床的坐标系和运动方向均已标准化，ISO 和我国都拟定了命名的标准。具体如下：

1. 机床坐标系的确定

1）机床相对运动的规定

在数控车床上加工零件时，无论是刀具移向工件，还是工件移向刀具，我们始终认为工件静止，而刀具向工件运动。这样编程人员在不考虑机床上工件与刀具具体运动的情况下，就可以依据零件图样，确定机床的加工过程。

2）机床坐标系的规定

标准机床坐标系中 X、Y、Z 坐标轴的相互关系可用右手笛卡尔直角坐标系决定，如图 2-2 所示。具体规定如下：

（1）伸出右手的大拇指、食指和中指，并互为 90°，则大拇指代表 X 坐标，食指代表 Y 坐标，中指代表 Z 坐标。运动方向的规定：增大刀具与工件距离的方向即为各坐标轴的正方向。

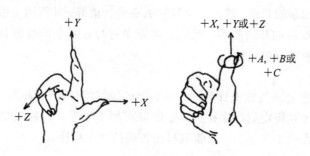

图 2-2　右手笛卡尔直角坐标系

（2）规定平行于机床主轴（传递切削力）的刀具运动坐标轴为 Z 轴，X 轴为水平方向，且垂直于 Z 轴并平行于工件的装夹面。在确定了 X 轴、Z 轴的正方向后，可按右手笛卡尔直角坐标系确定 Y 轴的正方向。

（3）围绕 X 坐标、Y 坐标、Z 坐标旋转的旋转坐标分别用 A、B、C 表示。根据右手螺旋定则，大拇指的指向为 X 坐标、Y 坐标、Z 坐标中任意轴的正向，则其余四指的旋转方向即为旋转坐标 A、B、C 的正向。

按照以上规定，图 2-3 所示为前置刀架数控车床上两个运动的命名和正方向，图 2-4 所示为后置刀架数控车床上两个运动的命名和正方向。

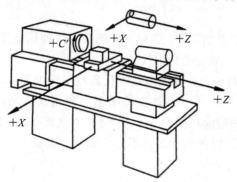

图 2-3　前置刀架数控车床上两个运动的
命名和正方向

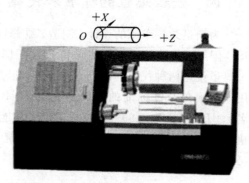

图 2-4　后置刀架数控车床上两个运动的
命名和正方向

（4）选取数控车床的机床原点。前置刀架数控车床的机床原点一般取在卡盘端面与主轴中心线的交点处，如图 2-5 所示。同时，通过设置参数的方法，也可将机床原点设定在 X 坐标、Z 坐标的正方向极限位置上。

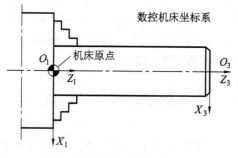

图 2-5　数控车床的机床原点

（5）确定机床参考点。机床参考点是用于对机床运动进行检测和控制的固定位置点。

机床参考点的位置都是由机床制造厂家在每个进给轴上用限位开关精确调整好的，坐标值已输入数控系统中。因此参考点对机床原点的坐标是一个已知数。通常在数控车床上机床参考点是离机床原点最远的极限点。图 2-6 所示为数控车床的机床参考点与机床原点。数控车床开机时，必须先确定机床原点，而确定机床原点的运动就是刀架返回机床参考点的操作，这样通过确认机床参考点，就确定了机床原点。只有机床参考点被确认后，刀具（或工作台）移动才有基准。

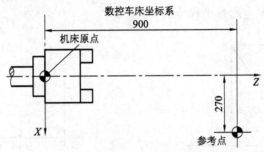

图 2-6　数控车床的机床参考点与机床原点

2. 工件坐标系

工件坐标系是编程人员根据零件图样及加工工艺等，为方便编程而建立的坐标系。

确定工件坐标系时，编程人员不必考虑工件毛坯在机床上的实际装夹位置；但对于加工人员来说，则应在装夹工件、调试程序时，将工件原点通过机床对刀操作转换为刀偏值，并在数控系统中给予设定（即给出原点设定值）。如图 2-7 所示，O_2 为工件坐标系原点。它是根据加工零件图样及加工工艺要求选定的工件坐标系的原点。

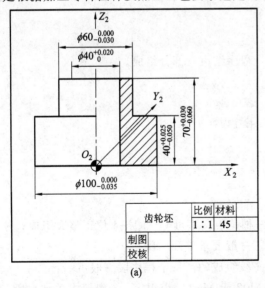

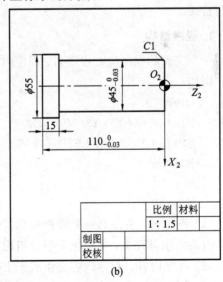

图 2-7　工件坐标系

选择工件坐标系原点应尽量满足编程简单，尺寸换算少，对刀方便，引起加工误差小等条件，一般车刀是从右端向左端车削，所以推荐将工件坐标系原点设在工件右端面的旋转中心上。这样比设定在其他位置要更方便、合理。

六、绝对坐标系与增量(也称相对)坐标系

在编程过程中,有时为了编程方便,编程人员会使用绝对坐标系尺寸和增量(相对)坐标系尺寸两种表达方法。在数控车床的编程中,可以用 U、W 分别代表 X、Z 向的增量坐标。绝对坐标系尺寸是指机床运动部件的坐标尺寸值相对于工件坐标系原点的值,如图 2-8 所示。A 点绝对坐标为 X 10 Y 12;B 点绝对坐标为 X 30 Y 37。增量坐标系尺寸是指机床运动部件的坐标尺寸值相对于前一位置的值,如图 2-9 所示。A 点相对 O 点增量坐标为 X 10 Y 12;B 点相对 A 点增量坐标为 X 20 Y 25。

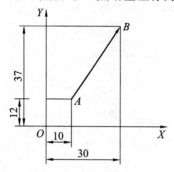

图 2-8 绝对坐标系尺寸

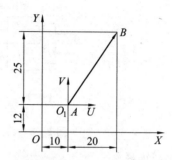

图 2-9 增量坐标系尺寸

七、程序的结构与格式

目前,各数控系统的程序格式还没有完全统一,其格式也各不相同。因此,编程时必须严格按照该机床的编程说明书进行编程。下面主要介绍 FANUC 系统常用加工程序的结构与格式。

1. 程序结构

一个完整的程序应由程序名、程序内容、程序结束三部分组成。

例如:

O1000	程序名
N10 G00 G54 X50 Y30 M03 S3000	程序内容
N20 G01 X88.1 Y30.2 F500 T02 M08	
N30 X90	
...	
N300 M30	程序结束

(1)程序名。程序名一般有两种形式:一种是英文字母 O 和 1~4 位正整数组成;另一种是由英文字母开头,字母数字混合组成的。一般要求单列一段。

(2)程序内容。程序内容是由若干个程序段组成的。每个程序段一般占一行。

(3)程序结束。该部分可以直接用指令 M02 或 M30 结束程序,一般要求单列一段。

2. 程序段格式

程序段是可作为一个单位来处理的、连续的字组,是数控加工程序中的一条语句。一个数控加工程序是由若干个程序段组成的,其格式是指程序段中的字、字符和数据的安排

形式。现在一般使用字地址可变程序段格式，每个字长不固定，各个程序段中的长度和功能字的个数都是可变的。

程序段格式举例：

N30 G01 X88.1 Y30.2 F500 S3000 T0202 M08

N40 X90

本程序段省略了"G01 Y30.2 F500 S3000 T0202 M08"，但它们的功能仍然有效，称为模态，该内容在后续的任务中有具体介绍。

组成程序段的各要素如下所述：

（1）顺序号字 N：用以识别程序段的编号，由地址码 N 和后面的若干数字组成；手工编程时可以全部省略或部分省略。

（2）沿怎样的轨迹移动：准备功能字 G。

（3）移动目标：终点坐标值 X、Y、Z 有绝对坐标值和增量坐标值两种，单位有毫米（mm）和微米（μm）两种，一般为毫米，可通过机床参数设定。

（4）进给速度：进给功能字 F。

（5）切削速度：主轴转速功能字 S。

（6）使用刀具：刀具功能字 T。

（7）机床辅助动作：辅助功能字 M。

【任务评价】

学生在数控车床上进行数控车床的基本操作，分组进行自评和互评，并将评价结果填写到表 2-1 中。

表 2-1　数控车床的基本操作评分表

序号	考核内容	配分	评分标准	自评	互评	得分
1	正确开机与关机	10	每错一处扣 5 分			
2	点动操作移动坐标轴	15	每错一处扣 5 分			
3	按指定增量倍率移动坐标轴	20	每错一处扣 5 分			
4	手摇进给移动坐标轴	20	每错一处扣 5 分			
5	刀架换刀操作	10	每错一处扣 5 分			
6	主轴正反转操作	15	每错一处扣 5 分			
7	超程释放操作	10	每错一处扣 5 分			
合　计		100				

任务 2.2　辅助功能认知

【任务引入】

（1）了解在数控编程中各辅助功能代码的作用；

（2）掌握常用辅助功能代码的含义及其使用方法。

【任务分析】

数控车床运行时的每一个动作，都是严格根据程序中指令执行的，所以程序中应包含所有在数控车床加工零件时所需要的动作指令。这其中有不少不是直接指挥机床切削加工的，如机床在加工时所选择的主轴转速、刀具、进给速度、是否打开冷却液等，这部分指令如果使用不当，则加工难以顺利进行甚至无法加工。我们把这部分不直接指令机床切削动作的程序指令统称为辅助功能指令。

【任务实施】

一、进给功能字 F

F 指令一般是用 F 和若干数字组成，不同的数字代表不同的进给速度，其单位有毫米/分钟（mm/min）和毫米/转（mm/r）两种，可通过准备功能代码 G98/G99 相互转换。F 指令在螺纹切削程序段中常用来指令螺纹的导程。

例如：

G98 G01 X45 Z-10 F100（机床以每分钟 100 毫米的速度进给到坐标为 X45 Z-10 的目标点）

G99 G01 X45 Z-10 F0.1（机床以每转 0.1 毫米的速度进给到坐标为 X45 Z-10 的目标点）

G92 X45 Z-40 F1.5（机床切削螺纹，终点坐标为 X45 Z-40，螺纹导程 1.5 毫米）

二、主轴转速功能字 S

S 指令用于指定主轴转速，可以指主轴每分钟转速，单位为 r/min；对于具有恒线速度功能的数控车床，程序中的 S 指令也可以指定车削加工的线速度，单位为 m/min。S 指令可通过准备功能代码 G96/G97 相互转换。为防止刀具逐渐接近旋转中心，主轴转速越来越高，发生事故，一般在 G96 后面一行设置程序段，该程序段为限定主轴最高转速指令 G50 S××××，单位为 r/min。有变速箱的数控车床还可以用 S1（第一挡）、S2（第二挡）来表示。例如：

G97 S650   （主轴每分钟 650 转）

G96 S120   （主轴恒线速度，切削速度每分钟 120 米）

G50 S2500   （限定主轴最高转速 2500 转/分钟）

三、刀具功能字 T

T 指令用于指定加工时所用刀具的编号，对于数控车床，其后的数字还兼作指定刀具长度补偿和刀尖半径补偿用。T 后第一、二位是刀号，第三、四位是刀补号。例：T0200 为 2 号刀，无刀补；T0202 为 2 号刀，执行 2 号刀补值，即该刀具认定的刀尖在工件坐标原点处距离机床参考点的偏置值。在使用该刀具前，已经通过对刀将刀补值存储在数控系统的刀具偏置表里。

四、辅助功能字 M

机床辅助动作，一般是用大写 M 和两位数字组成，用于指定数控车床辅助装置的开关动作，如表 2-2 所示。

表 2-2　常用 M 功能字含义表

M 功能字	含　义
M00	程序暂停
M01	计划暂停
M02	程序结束
M03	主轴正转
M04	主轴反转
M05	主轴停转
M07	2 号冷却液开
M08	1 号冷却液开
M09	冷却液关
M30	程序结束并返回开始处
M98	调用子程序
M99	从子程序返回主程序

运行 M00 指令时，机床停止进给，可以利用此功能进行工件的调头、测量、手动变速等。其功能与 M01 相类似，但运行 M01 时，必须在机床的选择停止按钮按下后方起作用。欲继续执行后续程序，再按操作面板上的"循环启动"按钮。

M02 与 M30 都可用于程序最后的结束语，但 M30 可以使机床执行完当前程序后，自动返回该程序首部，以便再一次执行当前程序。M02 程序结束后，若要重新执行该程序，则要重新调用该程序。

M03、M04 后必须有主轴转速指令 S×××，否则主轴无法旋转。M05 主轴停止可直接使用。M03、M04、M05 为模态功能，M05 为缺省功能，它们之间可以相互转换。

要从某个主程序中间调用一个子程序，其程序格式为 M98 P×××××，其中后四位为子程序名，倒数第五位为调用次数，调用一次可省略；子程序的最后一句必须用 M99 结束，返回主程序。例如：

主程序	子程序
O2345	O6789
M03 S1000	G0 U-12
T0202	G1 Z-100 F0.1
G0 X45 Z2	G0 U10
M98 P26789（调用 2 次子程序 O6789）	Z2
G0 X150 Z200	M99（从子程序返回主程序）
M30	

【任务评价】

理解、熟记数控车床常用的辅助代码，并在数控车床上执行辅助代码指令，做到准确、熟练。学生分组进行自评和互评，并将评价结果填写到表 2-3 中。

表 2-3　在机床上执行辅助代码指令评分表

序号	考核内容	配分	评分标准	自评	互评	得分
1	主轴正反转指令	10	错一处扣 5 分			
2	主轴停止指令	15	错一处扣 15 分			
3	程序暂停指令	15	错一处扣 15 分			
4	程序结束并返回指令	15	错一处扣 15 分			
5	打开切削液指令	15	错一处扣 15 分			
6	关闭切削液指令	15	错一处扣 15 分			
7	调用子程序指令	15	错一处扣 15 分			
	合　计	100				

任务 2.3　直线轮廓程序的编制

【任务引入】

（1）了解准备功能 G 代码的初态、模态和非模态三种分类及含义；

（2）掌握快速定位指令 G00 的编程格式、使用场合和使用注意点；

（3）掌握直线插补指令 G01 的编程格式、使用场合和使用注意点；

（4）运用所学指令编写图 2-10 简单直线轮廓零件的精加工程序。

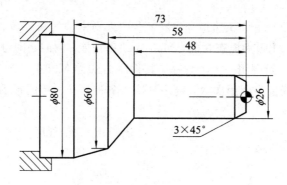

图 2-10　简单直线轮廓零件

【任务分析】

　　数控加工程序编制的核心内容就是用数控系统能读懂的代码控制刀具运动的轨迹，从而加工出符合图纸要求的零件。控制刀具运动轨迹的代码在数控编程中又称为准备功能 G 代码。本任务所学内容为加工直线轮廓零件所必须掌握的几个 G 代码。

【任务实施】

数控车削常用 G 代码如表 2-4 所示。

表 2-4　FANUC 0i Mate -TC 系统常用 G 代码组别及含义表

G 功能字	组别	功能	备注
G00	模态 01	快速移动点定位	初态
G01		直线插补（切削进给）	
G02		顺时针圆弧插补	
G03		逆时针圆弧插补	
G04	非模态	暂停、准停	
G20	模态 00	英制输入	
G21		米制输入	初态
G28	非模态	返回参考点（机械原点）	
G32	模态 01	等螺纹切削	
G34		变螺距螺纹切削	
G40	模态 02	取消刀具半径补偿	初态
G41		刀具半径左补偿	
G42		刀具半径右补偿	
G50	非模态	坐标系设定	
G65		宏程序命令	
G70		精加工循环	
G71		外圆粗切循环	
G72		端面粗切循环	
G73		封闭切削循环	
G74		端面深孔钻循环	
G75		外圆、内圆切槽循环	
G76		复合螺纹切削循环	
G90	模态 01	外圆、内圆车削循环	
G92		螺纹切削循环	
G94		端面车削循环	
G96	模态 03	恒线速度	
G97		取消恒线速度	初态
G98	模态 04	每分钟进给	
G99		每转进给	初态

一、G 代码的初态、模态和非模态的三种分类及含义

（1）非模态 G 代码：只在被指定的本行程序段中有效的代码。例如：G04（暂停、准停），G50（坐标系设定），G70～G75（复合型车削固定循环）。

（2）模态 G 代码：此组代码输入后，在同组其他代码指令输入前一直有效，当有同组其他 G 代码写入时被替代。例如：G00（定位），G01、G02、G03（插补），G90、G92、G94（单一型车削固定循环）。

（3）初态 G 代码：机床通电后，系统里面已经设置好的，一开机就进入的状态。初态也是模态。例如：G00、G40、G99 等。

二、快速移动点定位 G00 代码

1. 编程格式

G00 指令编程格式如下：

    G00 X(U)_ Z(W)_

其中，

X、Z 的值是快速点定位的终点坐标尺寸，是绝对值坐标；

U、W 的值是快速点定位的终点相对前一点 X、Z 向的增量坐标。

例：如图 2-11 所示，从 A 点到 B 点快速移动点定位的程序段为

    G00 X20 Y30

或是

    G00 U－20 W－10

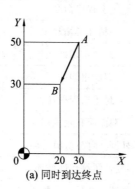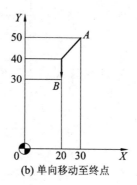

图 2-11　快速点定位

2. 适用场合

快速移动点定位主要适用于加工过程中快速靠近毛坯，或一个加工工步结束后的快速退刀。

3. G00 走刀路线

快速移动点定位指令控制刀具以点位控制的方式快速移动到目标位置，其移动速度由参数来设定。指令执行开始后，刀具按参数设定的速度沿着各个坐标方向同时移动，最后减速到达终点。注意：在各坐标方向上有可能不是同时到达终点。刀具移动轨迹是几条线段的组合，不是一条直线。例如，在 FANUC 系统中，运动总是先沿 45°角的直线移动，最

后再在某一轴单向移动至目标点位置。编程人员应了解所使用的数控系统的刀具移动轨迹情况，以避免加工中可能出现的碰撞。

4. 使用注意点

(1) G00 没有 F 值，移动速度由厂家设定。

(2) 快速移动速度受快速倍率开关控制(F 0% 25% 50% 100%)。

三、直线插补指令 G01 代码

1. 指令格式

G01 指令使用格式如下：

　　G01　X(U)_Z(W)_F_

其中：

X、Z 表示目标点绝对值坐标；

U、W 表示目标点相对前一点 X、Z 向的增量坐标；

F 表示进给量，若在前面已经指定，可以省略。

2. 适用场合

本指令适用于加工零件上的直线轮廓，如端面、台阶面、内外圆柱(锥)面、倒角，以及各种直线轮廓的内外沟槽。

通常，在车削端面、沟槽等轮廓线与 X 轴平行的工件时，只需单独指定 X(或 U)坐标；在车外圆、内孔等轮廓线与 Z 轴平行的工件时，只需单独指定 Z(或 W)值。图 2-12 为同时指令两轴移动车削锥面的情况，用 G01 编程为

绝对坐标编程方式：G01 X80.0 Z−80.0 F0.25；

增量坐标编程方式：G01 U20.0 W−80.0 F0.25。

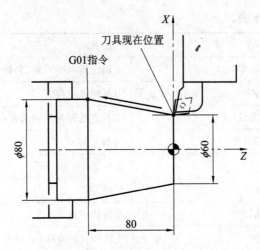

图 2-12　G01 指令的运动轨迹

3. 走刀路线

G01 使刀具以指定的进给速度沿直线移动到目标点。

4. 使用注意点

(1) G01 指令后的坐标值取绝对值编程还是取增量值编程，由尺寸字地址决定。有的数控车床由数控系统当时的状态决定。

(2) 进给速度由 F 指令决定。F 指令也是模态指令，它可以用 G00 指令取消。如果 G01 程序段之前的程序段没有 F 指令，而现在的 G01 程序段中也没有 F 指令，则机床不运动。因此，G01 程序中必须含有 F 指令。

四、G00\G01 编程加工举例

例 2 - 1   如图 2 - 13 所示，工件已粗加工完毕，各位置留有余量 0.5 mm，要求重新编写精加工程序，保证不切断。

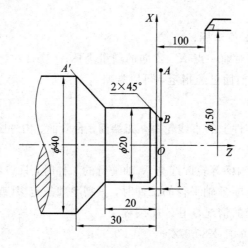

图 2 - 13   G00\G01 编程加工例图

编写加工程序，见下表。

O0101	程序名
N10 M03 S1000 T0101	主轴正转，1000 转/分钟
N20 G00 X16 Z2	刀具快速定位
N30 G01 X16 Z0 F0.5	刀具直线插补到倒角起点
N40 G01 X20 Z−2 F0.1	倒角 C2
N50 Z−20	车外圆
N60 X40 Z−30	车锥度
N70 G00 X150 Z100	刀具快速退刀
N80 M05 T0100	主轴停，取消刀补
N90 M30	程序结束

五、完成图 2 - 10 的精加工参考程序

图 2 - 10 的精加工程序如下表所示：

O0102	程序名
N10 M03 S1000 T0101	主轴正转，1000 转/分钟
N20 G00 X20 Z2	刀具快速定位
N30 G01 Z0 F0.5	刀具直线插补到倒角起点
N40 G01 X26 Z−3 F0.1	倒角 C3
N50 Z−48	车外圆
N60 X60 Z−58	车锥度
N70 X73 Z−80	车锥度
N80 G00 X100 Z100	刀具快速退刀
N90 M05 T0100	主轴停，取消刀补
N100 M30	程序结束

【任务评价】

熟记表 2−4 中所学代码的分组及功能，理解并能运用 G00、G01 等代码独立编写图 2−13中的精加工程序。学生分组进行自评和互评，并将评价结果填写到表 2−5 中。

表 2−5　熟记表 2−4 代码并编写图 2−13 程序的评分表

序号	考核内容	配分	评分标准	自评	互评	得分
1	熟记表 2−4 中所学代码的分组及功能	40	错一处扣 5 分			
2	运用 G00、G01 代码编写图 2−13 中的程序	60	错一处扣 5 分			
	合　计	100				

任务 2.4　圆弧轮廓程序的编制

【任务引入】

（1）掌握数控编程中圆弧轮廓程序指令 G02、G03 的使用场合、编程格式和使用注意点；

（2）运用所学指令编制图 2−14 简单圆弧轮廓零件的精加工程序。

【任务分析】

在数控车削过程中，经常会加工带有圆弧轮廓的零件，数控系统提供了加工圆弧轮廓的指令

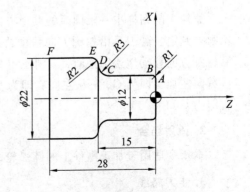

图 2−14　简单圆弧轮廓零件

G02/G03，编程人员只要按照其代码规定的格式编程，数控系统就能够非常精确地控制刀具加工出所需圆弧轮廓。

【任务实施】

1. 程序格式

G02、G03 指令编程格式如下：

$$\left.\begin{matrix} G02 \\ G03 \end{matrix}\right\} X(U)\_Z(W)\_ \left\{\begin{matrix} I\_K\_ \\ R\_ \end{matrix}\right\} F\_$$

其中：

G02 为顺时针圆弧插补，G03 为逆时针圆弧插补；

X、Z 表示圆弧终点绝对值坐标；

U、W 表示圆弧终点相对圆弧起点 X、Z 向的增量坐标；

R 为圆弧半径，当所加工的圆弧对应的圆心角为 0°、−180°时，R 取正值；当所对应的圆心角为 180°、−360°时，R 取负值。

I、K 为圆心相对圆弧起点 X、Z 方向的增量坐标，当 I、K 为零时可省略。

F 表示加工圆弧时的进给量，若在前面已经指定，可以省略。

圆弧顺逆方向的判别方法：沿着不在圆弧平面内的坐标轴，由正方向向负方向看，顺时针方向为 G02，逆时针方向为 G03，如图 2−15 所示。

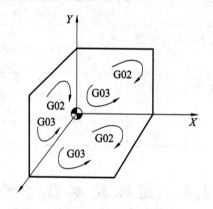

图 2−15　G02/G03 的判断方法

数控车削图样中一段圆弧的顺逆方向的判定，可以按照图样中零件中心线上半部分的轮廓来判定。若刀具沿轮廓方向移动轨迹为顺时针，则使用 G02 顺时针插补编程；若刀具沿轮廓方向移动轨迹为逆时针，则使用 G03 逆时针插补编程。如图 2−16 所示，SR10 圆弧从右向左加工即为 G03，从左向右即为 G02；$R5$ 的倒圆角从右向左加工即为 G02，从左向右即为 G03。

2. 适用场合

本指令适用于加工零件上的圆弧轮廓，如球面、圆弧倒角等。

3. 走刀路线

G02/G03 使刀具以指定的进给速度从起点沿圆弧轨迹移动到目标点。

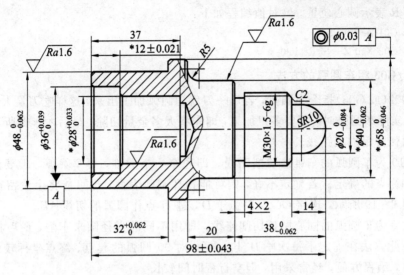

图 2-16　G02/G03 的判断方法举例

4. 编程加工举例

图 2-17 所示为 G02 的应用实例。

（1）用 I、K 表示圆心位置，绝对值编程如下：

　　N03 G00 X20 Z2

　　N04 G01 Z-30 F80

　　N05 G02X40.0 Z-40 I10 K0 F60

（2）用 I、K 表示圆心位置，增量值编程如下：

　　N03 G00 U-80 W-98

　　N04 G01 U0 W-32 F80

　　N05 G02 U20 W-10 I10 K0 F60

（3）用 R 表示圆心位置，绝对值编程如下：

　　N04 G01 Z-30 F80

　　N05 G02 X40 Z-40 R10 F60

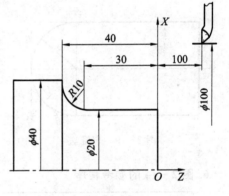

图 2-17　G02 的应用实例

图 2-18 所示为 G03 的应用实例。

（1）用 I、K 表示圆心位置，绝对值编程如下：

　　N04 G00 X28 Z2

　　N05 G01 Z-40 F80

　　N06 G03X40 Z-46 I0 K-6 F60

（2）用 I、K 表示圆心位置，增量值编程如下：

　　N04 G00 U-72 W-98

　　N05 G01 W-42 F80

　　N06 G03 U12.0 W-6 I0 K-6 F60

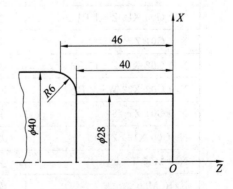

图 2-18　G03 的应用实例

（3）用 R 表示圆心位置，绝对值编程如下：

N04 G01 Z－40 F80

N05 G03 X40 Z－46 R6 F80

5. G02/G03 粗车圆弧的方法

应用 G02（或 G03）指令车圆弧，若用一刀就把圆弧加工出来，这样吃刀量太大，容易打刀。所以，实际车圆弧时，需要多刀加工，即先将大多余量切除，最后才车得所需圆弧。下面介绍车圆弧常用加工路线。

图 2-19 为车圆弧的车锥法切削路线。即先车一个圆锥，再车圆弧。但要注意，车锥时的起点和终点的确定。若确定不好，则可能损坏圆弧表面，也可能将余量留得过大。确定方法如图 2-19 所示，连接 OC 交圆弧于 D，过 D 点作圆弧的切线 AB。

图 2-20 为车圆弧的同心圆弧切削路线。即用不同的半径圆来车削，最后将所需圆弧加工出来。此方法在确定了每次吃刀量 a_p 后，对 90°圆弧的起点、终点坐标较易确定，数值计算简单，编程方便，经常采用，但空行程时间较长。

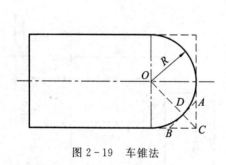

图 2-19 车锥法　　　　　　　　　图 2-20 车圆法

6. 图 2-14 的参考程序

O0103	程序名
N10 M03 S1000 T0101	主轴正转；转速为 1000 转/分钟；1 号刀具，1 号刀补
N20 G00 X10 Z2	刀具快速定位
N30 G01 Z0 F0.2	刀具直线插补到倒圆角起点
N40 G03 X12 Z－1 R1	逆时针插补倒圆角 R1
N50 G01 Z－12	车外圆
N60 G02 X18 Z－15 R3	顺时针插补倒圆角 R3
N70 G03 X22 W－2 R2	逆时针插补倒圆角 R2
N80 G01 Z－28	车外圆
N9 G00 X100 Z100	刀具快速退刀到安全距离
N10 M05 T0100	主轴停，取消刀补
N110 M30	程序结束

【任务评价】

熟记、理解并能运用圆弧插补指令代码独立编写图 2-17、2-18 中的精加工程序。学生分组进行自评和互评，并将评价结果填写到表 2-6 中。

表 2-6　熟记、理解圆弧插补指令并编写图 2-17、图 2-18 的程序评分表

序号	考核内容	配分	评分标准	自评	互评	得分
1	熟记、理解圆弧插补指令代码及使用方法	40	错一处扣 40 分			
2	运用圆弧插补指令编写图 2-17、图 2-18 的程序	60	错一处扣 5 分			
	合　计	100				

任务 2.5　单一循环程序的编制

【任务引入】

（1）掌握利用单一循环指令 G90 编写外圆、内圆加工程序的方法；

（2）掌握利用单一循环指令 G94 编写端面加工程序的方法；

（3）熟练掌握利用螺纹单一循环指令编写普通螺纹加工程序的方法；

（4）根据图 2-21 中的要求，运用本任务所学内容编写零件的粗精加工程序；

（5）根据图 2-22 中的要求，运用本任务所学内容编写螺纹部分的加工程序。

【任务分析】

图 2-21 如果运用前面所学 G 代码编写加工程序，会发现刀具在零件上完成一次切削后，再进行下一次切削时，还要再编写退刀、回刀、再进刀的程序，往复几次这样的切削后，才能完成全部的加工，程序量往往比较大，且容易出错；图 2-22 中螺纹部分的加工也是一个多刀连续切削的过程，编写单步程序同样也会增加编程量，给编程人员带来不便。经过本任务中单一循环程序的学习后，程序编写量则会减少很多，从而提高了编程效率。

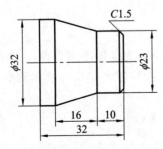

图 2-21　单一循环编程加工例图

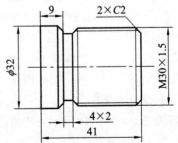

图 2-22　螺纹单一循环编程加工例图

【任务实施】

1. 轴向矩形切削循环

程序格式：

G90 X(U)_Z(W)_F_

其中：

X、Z 表示终点绝对值坐标；

U、W 表示相对(增量)值终点坐标尺寸；

F 表示切削进给速度。

其轨迹如图 2-23 所示，具体由 4 个步骤组成。

图 2-23 中，

1(R)表示第一步快速运动；

2(F)表示第二步按进给速度切削；

3(F)表示第三步按进给速度切削；

4(R)表示第四步快速运动。

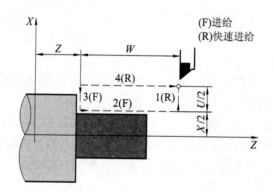

图 2-23　矩形切削循环 G90 刀具路径

2. 轴向锥体车削循环

程序格式：

G90 X(U)_Z(W)_R_F_

其中：

X、Z 表示终点绝对值坐标；

U、W 表示相对(增量)值终点坐标尺寸；

F 表示进给速度；

R 表示锥度尺寸($R=(D-d)/2$，D 为锥度大端直径，d 为锥度小端直径)。车削外圆锥度若是从小端车到大端，则切削锥度 R 为负值；车削内圆锥度若是从大端车到小端，则内圆锥度 R 为正值。

车削轨迹如图 2-24 所示，R 值的正负与刀具轨迹有关。

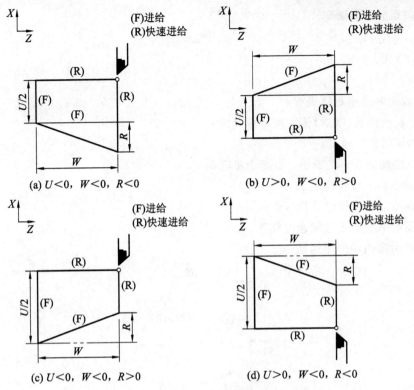

图 2-24　R 值的正负与刀具轨迹的关系

3. G90 编程实例

图 2-25 的加工程序如下：

O0104
N10 T0101 M03 S800
N20 G00 X35 Z51
N30 G90 X30 Z20 F0.2
N40 G90 X27 Z20 F0.2
N50 G90 X24 Z20 F0.2
N60 G0 X100 Z100
N70 M30

图 2-26 的加工程序如下：

O0105
N10 M03 S600 T0101
N20 G00 X40 Z50
N30 G90 X30 Z20 R-5 F0.1
N40 X27 Z20 R-5
N50 X24 Z20 R-5
N60 G00 X100 Z100
N70 M30

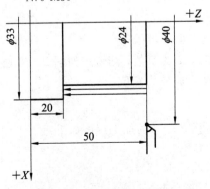

图 2-25　G90 编程举例图

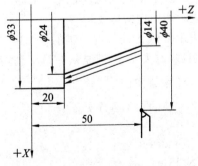

图 2-26　G90 加工锥度编程举例图

4. 径向矩形车削循环

程序格式如下：

    G94 X(U)_Z(W)_F_

其中：

    X、Z 表示终点绝对值坐标；

    U、W 表示相对(增量)值终点坐标尺寸；

    F 表示切削进给速度。

    车削轨迹如图 2-27 所示，由四个步骤组成。

    1(R)表示第一步快速运动；

    2(F)表示第二步按进给速度切削；

    3(F)表示第三步按进给速度切削；

    4(R)表示第四步快速运动。

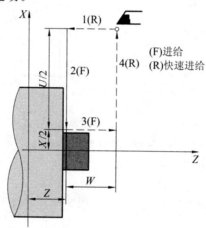

图 2-27　径向车削循环 G94 刀具路径

5. 径向锥体车削循环

程序格式如下：

    G94 X(U)_Z(W)_R_F_

其中：

    X、Z 表示终点绝对值坐标；

    U、W 表示相对(增量)值终点坐标尺寸；

    F 表示切削进给速度；

    R 表示锥体 Z 向长度。车削外圆锥(右小左大)时，R 为负值，其轨迹如图 2-28 所示；车削内圆锥(右大左小)若是从右端车到左端，则内圆锥度 R 为正值。

6. G94 编程实例

图 2-29 的加工程序如下：

    O0106

    N10 M03 S600 T0202

    N20 G00 X65 Z24

    N30 G94 X50 Z16 F0.1

图 2-30 的加工程序如下：

    O0107

    N10 M03 S700 T0101

    N20 G00 X60 Z45

    N30 G94 X25 Z31.5 R-3.5 F0.15

N40 X50 Z13

N50 X50 Z10

N60 G00 X100 Z100

N70 M30

N80 M30

N40 X25 Z29.5 R－3.5

N50 X25 Z27.5 R－3.5

N60 X25 Z25.5 R－3.5

N70 G00 X100 Z100

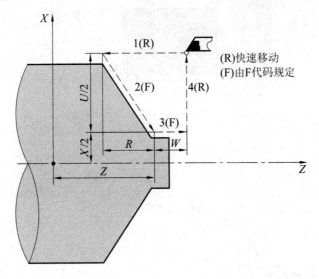

图 2-28　径向锥体车削循环刀具路径

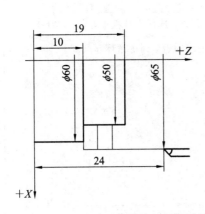

图 2-29　G94 径向矩形循环编程举例图

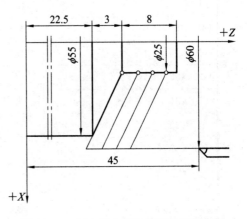

图 2-30　G94 径向锥体循环编程举例图

7. 螺纹切削循环 G92

（1）程序格式：

　　G92 X(U)_Z(W)_ F_

（2）说明：

X、Z：绝对值编程时，为螺纹终点在工件坐标系下的坐标；增量值编程时，为螺纹终点相对于循环起点的有向距离。

F：螺纹导程。

其运动轨迹如图 2-31 所示。

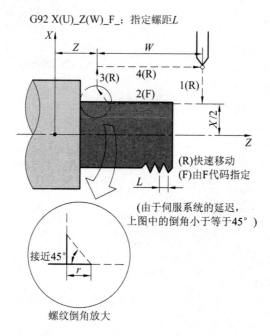

图 2-31 G92 螺纹切削循环刀具路径

8. 图 2-21 的参考程序

O109	程序名
M3 S600 T0101	主轴正转 600 转/分钟；选择 1 号粗车刀，1 号刀补
G00 X45 Z2	刀具快速移动到毛坯附近，到达循环起点
G90 X33 Z-10 F0.2	
X31	
X29	
X27	矩形切削循环粗加工
X25	
X24	
G00 Z-9.5	刀具快速移动到锥体切削循环起点
G90 X42 Z-26 R-4.5	
X40 R-4.5	
X38 R-4.5	
X36 R-4.5	锥体切削循环粗加工
X34 R-4.5	
X33 R-4.5	
G00 X150 Z200	刀具快速移动到换刀点

续表

M3 S1000 T0202	精车主轴转速 1000 转/分钟；选择 2 号精车刀，2 号刀补
G00X45 Z2	刀具快速靠近工件
X20	精加工零件轮廓
G1 Z0 F0.1	
X23 Z−1.5	
Z−10	
X32 Z−26	
G00 X100Z200	退刀
M30	程序结束

9. 图 2−22 的加工螺纹部分参考程序

O108	程序名
M3 S700 T0202	主轴正转 700 转/分钟；选择 2 号螺纹刀，2 号刀补
G00 X50 Z4	刀具快速移动到工件附近，到达螺纹循环起点
G92 X29.3 Z−30 F1.5	螺纹切削循环第一刀
X28.9	螺纹切削循环第二刀
X28.6	螺纹切削循环第三刀
X28.4	螺纹切削循环第四刀
X28.3	螺纹切削循环第五刀
X28.2	螺纹切削循环第六刀
X28.1	螺纹切削循环第七刀
X28.1	螺纹切削循环第八刀（精车）
G00 X150 Z200	退刀
M30	程序结束

【任务评价】

理解、熟记数控车床常用的单一循环代码，并能运用本任务所学内容编写图 2−21、

图2-22的加工程序。学生分组进行自评和互评，并将评价结果填写到表2-7中。

表 2-7　在机床上执行辅助代码指令评分表

序号	考核内容	配分	评分标准	自评	互评	得分
1	轴向矩形车削循环的编程方法	10	答错扣10分			
2	径向矩形车削循环的编程方法	10	答错扣10分			
3	螺纹切削循环的编程方法	10	答错扣10分			
4	编写图2-21的程序	35	错一处扣5分			
5	编写图2-22的程序	35	错一处扣5分			
合　计		100				

任务2.6　固定循环程序的编制

【任务引入】

（1）学会用内、外圆粗车固定循环指令 G71 和精加工循环指令 G70 编写图 2-32 所示零件的粗、精加工程序；

（2）学会用端面粗切循环指令 G72 和精加工循环指令 G70 编写图 2-33 所示零件的粗、精加工程序；

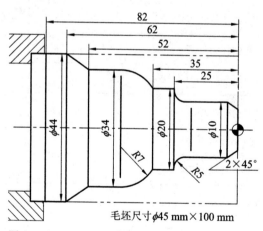

毛坯尺寸 $\phi45$ mm×100 mm

图 2-32　G71、G70 车削复合循环编程加工例图

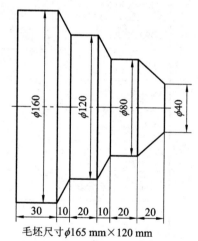

毛坯尺寸 $\phi165$ mm×120 mm

图 2-33　G72、G70 端面车削复合循环编程加工例图

（3）学会用封闭粗车切削循环指令 G73 和精加工循环指令 G70 编写图 2-34 所示零件的粗、精加工程序；

（4）学会用螺纹切削循环指令 G76 编写图 2-35 所示零件的螺纹部分加工程序；

（5）学会用外圆、内孔切槽循环指令 G75 编写图 2-36 所示零件的切槽加工程序。

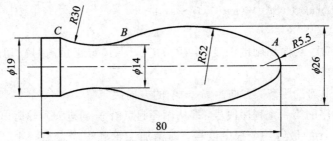

$A(X9.226\ Z-2.505)\ B(X18.39\ Z-50.348)\ C(X19\ Z-73.602)$

图 2-34　G73、G70 封闭复合循环编程加工例图

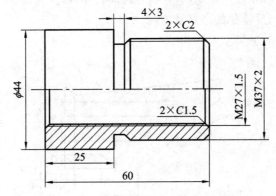

图 2-35　G76 螺纹切削循环编程加工例图

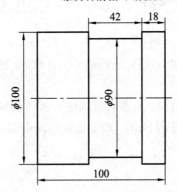

图 2-36　G75 外圆、内孔切槽循环编程加工例图

【任务分析】

　　针对本任务中要加工的五个零件,如果用以前所学的知识编写程序,则会出现编程时计算量较大,刀路繁琐,程序较长,手工编程容易出错等问题,而用本任务中所学的新指令进行编程,则会极大地简化计算和编程。

【任务实施】

1. 内、外圆粗车固定循环(G71)

　　(1) 程序格式:

　　　　G71 U(Δd) R(e)

G71 P(ns) Q(nf) U(△u) W(△w) F(f) S(s) T(t)

（2）各参数含义：

△d：粗加工每次 X 向切削的深度（半径指定），不指定正负符号。切削方向由 $A-A'$ 的方向决定。

e：X 向每次退刀的距离，方向由 $A'-A$ 的方向决定。

ns：精加工程序的第一个程序段号，即从循环起点沿 X 向进刀到轮廓第一行的程序段号。

nf：精加工程序的最后一个程序段号，即精加工轮廓程序最后一个程序段后面刀具沿 X 向退刀的程序段号。

△u：X 方向精加工预留量的距离（直径值）及方向。当数值为负数时，表示内孔的加工。

△w：Z 方向精加工预留量的距离及方向。

刀具路径如图 2-37 所示。

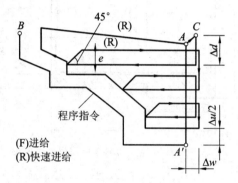

图 2-37　内、外圆粗车固定循环（G71）刀具路径

注意：① ns、nf 的那两行程序中只能使用 G00 和 G01 两个代码 X 向移动刀具执行进退刀，否则机床将报警。

② 零件轮廓必须符合 X 轴、Z 轴方向单调增大或单调减少的特性。

③ 在 ns 到 nf 程序段中，任何 F、S、T 功能在循环中都将被忽略，而在 G71 程序段中，F、S、T 功能仍然有效。

2. 精加工循环（G70）

（1）程序格式：

G70 P(ns) Q(nf)

（2）各参数含义：

ns：精加工形状程序的第一个段号。

nf：精加工形状程序的最后一个段号。

注意：G70 适用于 G71、G72 或 G73 粗车削后的精车加工。

图 2-32 的粗、精加工参考程序如下表所示：

O 0130		程序名
	M3 S300 T0101	主轴以 800 r/min 正转；选择 1 号刀，1 号刀补
	G00 X46 Z2	刀具到循环起点位置
	G71 U1.5 R2	粗加工循环，背吃刀量 1.5 mm，X 向退刀 2 mm

续表

	G71 P10 Q20 U0.5 W0.1 F0.2	精加工起始行号 10，精加工结束行号 20，留精车余量 X0.5、Z0.1 mm，粗车进给量是每转 0.2 mm
N10	G00 X6	精加工轮廓起始行
	G01 Z0 F0.1	精加工轮廓
	X10 Z−2	
	Z−20	
	G02 X20 Z−25 R5	
	G01 Z−35	
	G03 X34 W−7 R7	
	G01 Z−52	
	X44 Z−62	
	Z−82	
N20	G00 X46	精加工轮廓结束行
	X150 Z100	刀具回换刀点
	M05	主轴停止
	M00	程序暂停
	M3 S1200 T0202	主轴以 1200 r/min 正转；选择 2 号精车刀，2 号刀补
	G00 X46 Z2	刀具到循环起点位置
	G70 P10 Q20	执行精加工循环
	G00 X150 Z100	刀具回换刀点
	M30	程序结束并复位

3. 端面粗切循环（G72）

（1）程序格式：

G72 W（Δd）R(e)

G72 P(ns) Q(nf) U(Δu) W(Δw) F(f) S(s) T(t)

（2）各参数含义：

Δd：Z 向背吃刀量。

e：Z 向退刀量。

ns：精加工轮廓程序段中开始程序段的段号。

nf：精加工轮廓程序段中结束程序段的段号。

Δu：X 轴向精加工余量。

Δw：Z 轴向精加工余量。

端面粗切循环 G72 适于 Z 向余量小，X 向余量大的棒料粗加工，其循环路线如图 2-38 所示。

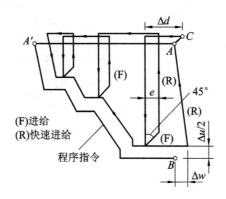

图 2-38　端面粗切循环(G72)刀具路径

注意：

① ns、nf 的那两行程序中只能使用 G00 和 G01 两个代码 Z 向移动刀具执行进退刀，否则机床将报警。

② 零件轮廓必须符合 X 轴、Z 轴方向单调增大或单调减少的特性。

③ 在 ns 到 nf 程序段中，任何 F、S、T 功能在循环中都将被忽略，而在 G71 程序段中，F、S、T 功能仍然有效。

图 2-33 的粗、精加工参考程序如下表所示：

O0131		程序名
	M3 S300 T0101	主轴以 300 r/min 正转；选择 1 号刀，1 号刀补
	G0 X165 Z2	刀具到循环起点位置
	G72 W1 R2	粗加工循环，Z 向吃刀量 1 mm，Z 向退刀 2 mm
	G72 P10 Q20 U0.5 W0.5 F0.2	精加工起始行号 10，精加工结束行号 20，留精车余量 X0.5 Z0.5 mm，粗车进给量每转 0.2 mm
N10	G0 Z-110	精加工轮廓起始行
	G1 X160 F0.1	
	W30	
	X120 W10	
	W20	精加工轮廓
	X80 W10	
	W20	
	X40 W20	
N20	G1 Z2	精加工轮廓结束行
	G0 X200 Z100	刀具回换刀点
	M05	主轴停止

M00	程序暂停
M3 S600 T0202	主轴以 600 r/min 正转；选择 2 号精车刀，2 号刀补
G00 X165 Z2	刀具到循环起点位置
G70 P10 Q20	执行精加工循环
G00 X200 Z100	刀具回换刀点
M30	程序结束并复位

4. 封闭粗车切削循环(G73)

(1) 程序格式：

　　G73 U(Δi) W(Δk) R(d)

　　G73 P(ns) Q(nf) U(Δu)W(Δw) F(f) S(s) T(t)

(2)各参数含义：

Δi：X 轴方向退刀的距离和方向(半径值)。

Δk：Z 轴方向退刀的距离和方向。

d：循环次数。

ns：精加工形状程序段的第一段段号。

nf：精加工形状程序段的最后一段段号。

Δu：X 轴方向的精加工余量。

Δw：Z 轴方向的精加工余量。

循环路线如图 2-39 所示。

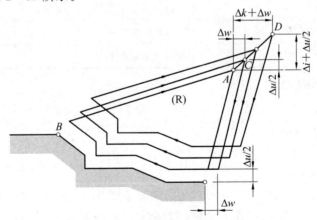

图 2-39　封闭粗车切削循环 G73 的循环路线

　　注意：G73 封闭粗车切削循环程序适用于加工铸造、锻造毛坯，与最终零件有相似外形的毛坯的粗加工，或者无法用 G71 和 G72 编程的(如 X、Z 向不是单调变化的精加工轮廓)轮廓。

　　图 2-34 的粗、精加工参考程序如下表所示：

O 0132		程序名
	M3 S700 T0101	主轴以 700 r/min 正转；选择 1 号刀，1 号刀补
	G0 X32 Z2	刀具到循环起点位置
	G73 U13 W0 R10	粗加工循环，X 向退刀 13 mm，Z 向无退刀，分 10 次切削
	G73 P10 Q20 U0.5 W0 F0.2	精加工起始行号 10，精加工结束行号 20，留精车余量 X 0.5 Z 0 mm，粗车进给量每转 0.2 mm
N10	G0 X0	
	G1 Z0 F0.08	
	G03 X9.226 Z−2.505 R5.5	
	X18.39 Z−50.348 R52	精加工轮廓
	G02 X19 Z−73.602 R30	
	G01 Z−81	
N20	G00 X30	
	G00 X150 Z100	刀具回对刀点
	M05	主轴停止
	M00	程序暂停
	M3 S1500 T0202	主轴 1500 r/min 正转；选择 2 号精车刀，2 号刀补
	G00 X32 Z2	刀具到循环起点位置
	G70 P10 Q20	执行精加工循环
	G00 X150 Z100	刀具回换刀点
	M30	程序结束并复位

5. 螺纹切削循环(G76)

(1) 程序格式：

G76 P(m)(r)(a) Q(Δdmin) R(d)

G76 X(u) Z(w) R(i) P(k) Q(Δd) F(f)

(2) 各参数含义：

m：最后精加工的重复次数 1～99。此指定值是模态的，在下次指定前均有效。

r：螺纹倒角量。如果把 L 作为导程，在 $0.01L$～$9.9L$ 范围内，以 $0.1L$ 为一挡，可以用 00～99 两位数值指定。该指定是模态的，在下次指定前一直有效。

a：刀尖的角度(螺纹牙的角度)，可以选择 80°，60°，55°，30°，29°，0°六种角度。把此角度值用两位数指定，此指定是模态的，在下次被指定前均有效。

m，r，a 也可同用地址 p 一次指定。

Δdmin：最小切入量。当一次切入量比 Δdmin 还小时，用 Δdmin 作为一次切入量。该指定是模态的，在下次被指定前均有效。

d：精加工余量。此指定是模态的，在下次被指定前均有效。

i：螺纹部分的半径差。当 $i=0$ 时为切削直螺纹。

k：螺纹牙高（X 轴方向的距离用半径值指令）。

Δd：第一次切入量。

f：螺纹导程。

注意：

① 用 P、Q、R 指定的数据，根据有无地址 X(u)，Z(w) 来区别。P(k)、Q(Δd)、R(i)、R(d) 及 Q(Δd min) 均使用 μm 为单位。

② 循环动作由地址 X(u)，Z(w) 指定的 G76 指令进行。

③ 此循环加工中，刀具为单侧刃，可以减轻刀尖的负载。另外，第一次切入量为 Δd，第 n 次为 $\Delta d \sqrt{n}$，如图 2-41 所示。考虑各地址的符号，该循环指令可以加工直螺纹、顺锥螺纹、倒锥螺纹和内螺纹。在图 2-40 所示的螺纹切削中，只有 $C-D$ 间用螺纹导程指定的进给速度，其他为快速进给。

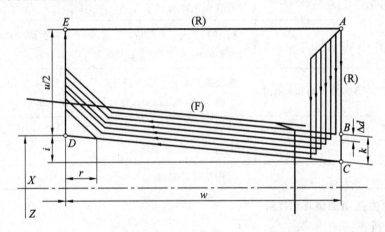

图 2-40　螺纹切削复合循环（G76）刀具路径

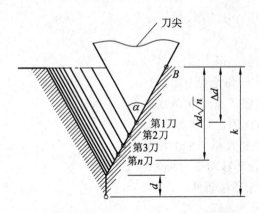

图 2-41　螺纹切削复合循环（G76）切深参数

图 2-35 的螺纹部分的参考程序如下表：

O 0133	程序名
M3 S700 T0202	主轴以 700 r/min 正转；选择 2 号刀，2 号刀补
G00 X45 Z4	刀具到循环起点位置
G76 P020060 Q100 R0.05	精加工 2 次，无倒角，牙型角 60°，每次最小背吃刀量为 0.1 mm，精加工背吃刀量为 0.05 mm
G76 X34.4 Z-32 P1250 Q400 F2	螺纹终点坐标：X34.4 Z-32，牙型高度：1.25 mm，第一次背吃刀量：0.4 mm，螺纹导程：2 mm
G00 X150 Z200	退刀
M05	主轴停
M00	程序暂停
M3 S550 T0404	主轴以 550 r/min 正转；选择 4 号刀，4 号刀补
G00 X20 Z4	刀具到循环起点位置
G76 P020060 Q100 R0.05	精加工 2 次，无倒角，牙型角 60°，每次最小背吃刀量为 0.1 mm，精加工背吃刀量为 0.05 mm
G76 X27 Z-62 P900 Q250 F1.5	螺纹终点坐标：X27 Z-62，牙型高度：0.9 mm，第一次背吃刀量：0.25 mm，螺纹导程：1.5 mm
G00 Z10	退刀
X150	退刀
M30	程序结束并复位

6. 外圆、内孔切槽循环(G75)

(1) 程序格式：

    G75 R(e)

    G75 X(U) Z(W) P(i) Q(k) R(d) F(f)

(2) 各参数含义：

e：每次沿 X 方向切削的退刀量。

X：加工槽底 X 轴方向的绝对坐标。

U：切槽始点相对槽底 X 轴方向的增量坐标。

Z：加工槽底 Z 轴方向的绝对坐标。

W：切槽始点相对槽底 Z 轴方向的增量坐标。

i：X 轴方向每次的循环移动量，单位：μm。

k：Z 轴方向每次的循环移动量，单位：μm。

d：Z 轴的退刀量。

f：进给速度。

刀具路径如图 2-42 所示。G75 循环可用于径向切槽和切断加工。

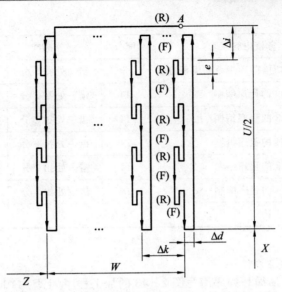

图 2-42　外圆、内孔切槽循环(G75)刀具路径

图 2-36 的切槽参考程序如下表所示：

O0134	程序名
M3 S400 T0303	主轴以 400 r/min 正转；选择 3 号刀，3 号刀补
G00 X102 Z2	刀具快速靠近毛坯
Z-22	刀具 Z 向定位准备
G75 R1	径向切槽每次沿 X 向退刀 1 mm
G75 X90 Z-60 P3000 Q3500 F0.05	径向切槽终点坐标：X90 Z-60，每次沿 X 向切入 3 mm，每次沿 Z 向平移 3.5 mm
G00 X100 Z100	退刀
M30	程序结束并复位

【任务评价】

理解、熟记数控车床常用复合循环代码，并能运用本任务所学内容编写图 2-32～图 2-36 的加工程序。学生分组进行自评和互评，并将评价结果填写到表 2-8 中。

表 2-8　评　分　表

序号	考核内容	配分	评分标准	自评	互评	得分
1	内、外圆粗车固定循环指令的编程方法	5	错一处扣 5 分			
2	精加工循环指令的编程方法	5	错一处扣 5 分			
3	端面粗切循环指令的编程方法	5	错一处扣 5 分			
4	封闭粗车切削循环指令的编程方法	5	错一处扣 5 分			
5	螺纹切削循环指令的编程方法	5	错一处扣 5 分			

续表

序号	考核内容	配分	评分标准	自评	互评	得分
6	外圆、内孔切槽循环指令的编程方法	5	错一处扣5分			
7	完成图2-32的程序编制	14	错一处扣2分			
8	完成图2-33的程序编制	14	错一处扣2分			
9	完成图2-34的程序编制	14	错一处扣2分			
10	完成图2-35的程序编制	14	错一处扣2分			
11	完成图2-36的程序编制	14	错一处扣2分			
	合　计	100				

【项目拓展】

1. 请运用G90矩形循环程序编写图2-43的加工程序(毛坯 ϕ100 mm×200 mm)。

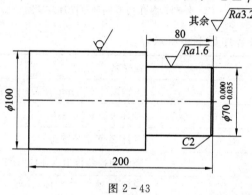

图2-43

2. 请运用G90锥面循环程序编写如图2-44所示下锥度部分图加工程序(毛坯 ϕ100 mm×200 mm)。

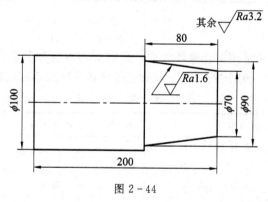

图2-44

3. 请运用G94端面循环程序编写如图2-45所示台阶部分加工程序(毛坯 ϕ100 mm×100 mm)。

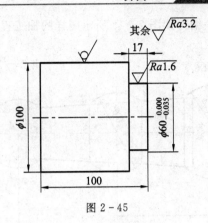

图 2 - 45

4. 请运用 G92 螺纹循环程序编写如图 2 - 46 所示螺纹部分加工程序。

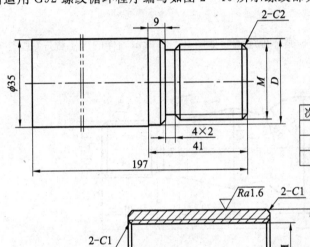

次数	M	D
1	M30×1.5	34
2	M24×1	28
3	M20×1.5	24

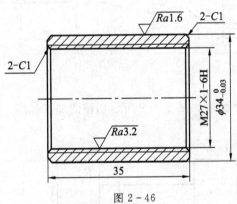

图 2 - 46

5. 请运用 G71 与 G70 循环程序编写如图 2 - 47 所示图样加工程序(毛坯 ϕ40 mm×40 mm)。

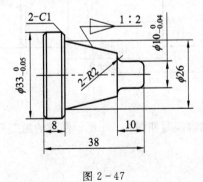

图 2 - 47

6. 请运用 G73 循环程序编写如图 2-48 所示图样的加工程序(毛坯 φ30 mm×75mm)。

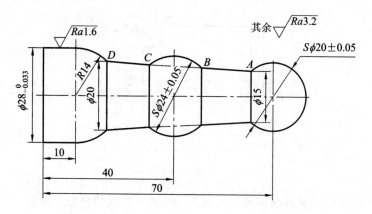

图 2-48

7. 请运用 G73、G70 与 G76 循环程序编写如图 2-49 所示图样的加工程序(毛坯 φ40 mm× 85 mm)。

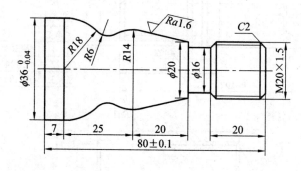

图 2-49

8. 请运用 G75 循环程序编写如图 2-50 所示切槽的加工程序。

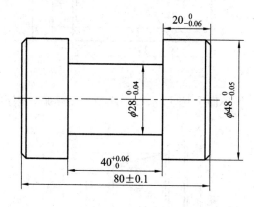

图 2-50

9. 请运用本项目中所学内容编写如图 2-51 所示图样的加工程序(毛坯 φ40 mm×80 mm)。

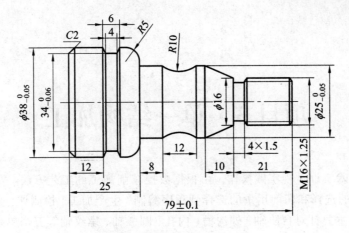

图 2-51

10. 请运用本项目中所学内容编写如图 2-52 所示图样的加工程序（毛坯 φ45 mm×120 mm）。

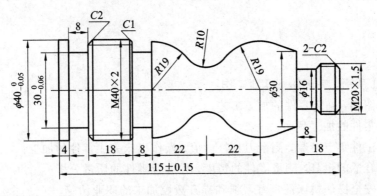

图 2-52

项目 3　单一结构加工

数控车削技术实训重视实践操作。由根据数控车削加工的工艺方法，安排工序的先后顺序，确定刀具的选择和切削用量的选择到程序编制、生产加工、检测评分，都是训练的要素组成。本项目主要针对台阶轴、外沟槽、内孔、圆弧轴、螺纹轴等五个单结构工件进行训练，通过项目拓展进行进一步熟练巩固，为中级工件的加工训练作准备。

任务 3.1　台阶轴的加工

【任务引入】

如图 3-1 所示，完成如下几项工作：

（1）分析图样，确定零件的加工工艺；

（2）编制零件的加工程序；

（3）设置工件零点参数，测量刀具补偿值，操作机床完成零件的加工；

（4）选择合适的量具，测量零件的精度，并进行零件的质量分析；

（5）培养安全操作机床的良好习惯和提升数控加工的职业情感。

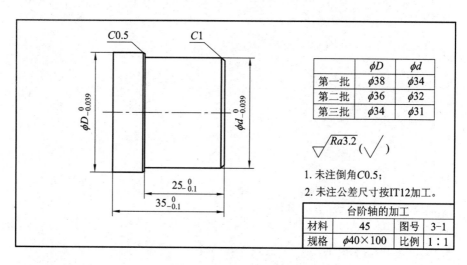

图 3-1　台阶轴的加工

【任务分析】

一、零件图分析

在数控车床上加工如图 3-1 所示的轴类零件时,由于数控车床工位有限,一台车床基本不止一位学员,因此安排了三批尺寸,确保每批尺寸不重复;零件材料为 45 钢,为易切钢材,可以选用硬质合金车刀切削加工。该零件结构简单,主要由外圆柱和端平面组成,尺寸公差等级达 IT8,可通过车削加工达到要求,且表面粗糙度均为 $Ra3.2$。

二、工艺分析

1. 工件装夹方案的确定

由于这个工件是一个实心轴,并且轴的长度不是很长,故适合用三爪自定心卡盘装夹。为了便于装夹和安全加工,只需将圆钢一端定位夹紧,然后加工另一端露出的部分即可。

2. 量具、刀具、辅具的确定

根据零件图样的加工内容和技术要求,确定量具、刀具和辅具的准备清单,如表 3-1 所示。

表 3-1　量具、刀具和辅具的准备清单

类别	序号	名称	规格或型号	精度/mm	数量/台	备注
量具	1	游标卡尺	0～150 mm	0.02	1	
	2	深度游标卡尺	0～150 mm	0.02	1	
	3	外径千分尺	25～50 mm	0.01	1	
刀具	4	端面车刀	45°		1	刀杆和机床匹配
	5	外圆粗车刀	90°,副偏角大于等于10°		1	刀杆和机床匹配
	6	外圆精车刀	90°,副偏角大于等于35°		1	刀杆和机床匹配
辅具	7	常用工具、辅具			1	
	8	函数计算器			1	

3. 加工方案的定制

加工路线根据"基面先行,先粗后精,工序集中"等原则确定,选择合理的切削用量,定制如表 3-2 所示的加工工艺卡。

表 3-2 台阶轴的加工工艺卡

工步	加工内容	选用刀具	主轴转速/ (r/min)	进给量/ (mm/r)	背吃刀量/ mm
	夹住毛坯圆柱表面一端				
1	车端面	端面车刀	800	0.1	0.1~1
2	粗车 ϕD、ϕd 外圆,直径方向留余量 0.5 mm	外圆粗车刀	500	0.2	2
3	精车 ϕD、ϕd 外圆,包括未注倒角	外圆精车刀	1000	0.1	0.25
4	去毛刺、检测和校核				
	卸下工件				

【任务实施】

一、工件装夹

工件毛坯圆柱表面用三爪自定心卡盘装夹,伸出卡爪长度 45 mm 左右,校正并夹紧。加工完成后,卸下工件。

二、程序输入

1. 程序编制

(1)加工及进退刀路径设计。

(2)数学处理及基点的计算。

2. 台阶轴的加工参考程序(以第一批尺寸为例)

台阶轴的加工参考程序如表 3-3 所示。

表 3-3 台阶轴的加工参考程序

程序段号	程 序	说 明
	O3111	程序名
N010	G97 G99	
N020	S500 M03	主轴正转
N030	G00 X100 Z100 T0101	移动至安全换刀点,并换1号刀
N040	X42 Z2	快速定位

续表

程序段号	程　序	说　明
N050	G71 U2 R1	外径循环粗加工
N060	G71 P70 Q140 U0.5 W0.1 F0.2	
N070	G00 X32	
N080	G01 Z0 F0.1	
N090	X34 Z−1	
N100	Z−25	
N110	X37	
N120	X38 Z−25.5	
N130	Z−35	
N140	X42	
N150	G00 X100 Z100	返回安全换刀点
N160	T0202	换2号精加工刀
N170	S1000 M03	主轴正转
N180	G00 X42 Z2	快速定位
N190	G70 P70 Q140	精加工
N200	G00 X100 Z100	返回安全换刀点
N210	M05	主轴停止
N220	M30	程序结束

3. 程序校验和模拟

三、参数设定

1. 工件零点设置

根据图样分析，工件零点设在工件中心线与右端面的交点处。

2. 刀具补偿值的确定

安装刀具进行对刀，测量并输入刀具补偿值。

四、自动加工

自动加工和刀具补偿值修正。

【任务评价】

先使用合适的量具自检,并将自检结果填写到表 3-4 中的自检部分,再送检,并将送检结果填入检测结果部分,最后检验自己的自检精度。

表 3-4　台阶轴的加工评分表

序号	考核内容	考核要点	配分	评分标准	自检	检测结果	得分	扣分
1	外圆	$\phi D_{-0.039}^{0}$	15	超差 0.01 扣 5 分				
		$\phi d_{-0.039}^{0}$	15	超差 0.01 扣 5 分				
2	长度	$25_{-0.1}^{0}$	15	超差无分				
		$35_{-0.1}^{0}$	15	超差无分				
3	倒角	$C1$	5	不符扣 5 分				
		$C0.5$	5	不符扣 5 分				
4	表面粗糙度	$Ra3.2(3 处)$	15	降级一处扣 5 分				
5	安全文明生产	零件装夹、刀具安装规范;合理使用工、量具;规范操作机床;做好设备及工量具的清扫和保养工作	15	每违反一条酌情扣 1~5 分,扣完为止				
6	否定项	发生重大事故(人身和设备安全事故等)、严重违反工艺原则和情节严重的野蛮操作等,由监考人决定是否取消其实操考核资格						
配分		100 分		总分				
检测				评分				

任务 3.2　外沟槽的加工

【任务引入】

如图 3-2 所示,完成如下几项工作:

(1) 分析图样,确定零件的加工工艺;

(2) 编制零件的加工程序;

(3) 设置工件零点参数,测量刀具补偿值,操作机床完成零件的加工;

(4) 选择合适的量具,测量零件的精度,并进行零件的质量分析;

(5) 培养安全操作机床的良好习惯和提升数控加工的职业情感。

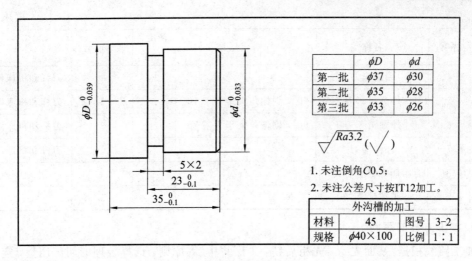

图 3-2　外沟槽的加工

【任务分析】

一、零件图分析

在数控车床上加工如图 3-2 所示的轴类零件时，由于数控车床工位有限，一台车床基本不止一位学员，因此安排了三批尺寸，确保每批尺寸不重复；零件材料为 45 钢，为易切钢材，可以选用硬质合金车刀切削加工。该零件结构简单，主要由外圆柱、外沟槽和端平面组成，尺寸公差等级达 IT8，可通过车削加工达到要求，且表面粗糙度均为 $Ra3.2$。

二、工艺分析

1. 工件装夹方案的确定

由于这个工件是一个实心轴，并且轴的长度不是很长，故适合用三爪自定心卡盘装夹。为了便于装夹和安全加工，只需将圆钢一端定位夹紧，然后加工另一端露出的部分即可。

2. 量具、刀具、辅具的确定

根据零件图样的加工内容和技术要求，确定量具、刀具和辅具的准备清单如表 3-5 所示。

表 3-5　量具、刀具和辅具的准备清单

类别	序号	名称	规格或型号	精度/mm	数量/台	备注
量具	1	游标卡尺	0～150 mm	0.02	1	
	2	深度游标卡尺	0～150 mm	0.02	1	
	3	外径千分尺	25～50 mm	0.01	1	

类别	序号	名称	规格或型号	精度/mm	数量/台	备注
刀具	4	端面车刀	45°		1	刀杆和机床匹配
	5	外圆粗车刀	90°，副偏角大于等于10°		1	刀杆和机床匹配
	6	外圆精车刀	90°，副偏角大于等于35°		1	刀杆和机床匹配
	7	外沟槽刀	4 mm		1	刀杆和机床匹配
辅具	8	常用工具、辅具			1	
	9	函数计算器			1	

3. 加工方案的定制

加工路线根据"基面先行，先粗后精，工序集中"等原则，选择合理的切削用量，定制如表 3-6 所示的加工工艺卡。

表 3-6 外沟槽的加工工艺卡

工步	加工内容	选用刀具	主轴转速/(r/min)	进给量/(mm/r)	背吃刀量/mm
	夹住毛坯圆柱表面一端				
1	车端面	端面车刀	800	0.1	0.1~1
2	粗车 ϕD、ϕd 外圆，直径方向留余量 0.5 mm	外圆粗车刀	500	0.2	2
3	精车 ϕD、ϕd 外圆，包括未注倒角	外圆精车刀	1000	0.1	0.25
4	切削 5×2 的外沟槽	外沟槽刀	300	0.05	
5	去毛刺、检测和校核				
	卸下工件				

【任务实施】

一、工件装夹

工件毛坯圆柱表面用三爪自定心卡盘装夹，伸出卡爪长度 45 mm 左右，校正并夹紧。加工完成后，卸下工件。

二、程序输入

1. 程序编制

(1) 加工及进退刀路径设计。

(2) 数学处理及基点的计算。

2. 外沟槽工件的加工参考程序(以第一批尺寸为例)

外沟槽工件的加工参考程序如表 3-7 所示。

表 3-7　外沟槽工件的加工参考程序

程序段号	程序	说明
	O3111	程序名
N010	G97 G99	
N020	S500 M03	主轴正转
N030	G00 X100 Z100 T0101	移动至安全换刀点，并换 1 号刀
N040	X42 Z2	快速定位
N050	G71 U2 R1	外径循环粗加工
N060	G71 P70 Q130 U0.5 W0.1 F0.2	
N070	G00 X28	
N080	G01 Z0 F0.1	
N090	X30 Z−1	
N100	Z−23	
N110	X37	
N120	Z−35	
N130	X42	
N140	G00 X100 Z100	返回安全换刀点
N150	T0202	换 2 号精加工刀
N160	S1000 M03	主轴正转
N170	G00 X42 Z2	快速定位
N180	G70 P70 Q130	精加工
N190	G00 X100 Z100	返回安全换刀点
N200	M05	主轴停止
N210	M00	程序暂停
N220	S300 M03	主轴正转
N230	G00 X100 Z100 T0303	移动至安全换刀点，并换 3 号刀
N240	G00 X43 Z−23	快速定位
N250	G01 X26 F0.05	外沟槽加工
N260	X43	
N270	Z−22	
N280	X26	
N290	X43	
N300	G00 X100 Z100	返回安全换刀点
N310	M05	主轴停止
N320	M30	程序结束

3. 程序校验和模拟

三、参数设定

1. 工件零点设置

根据图样分析，工件零点设在工件中心线与右端面的交点处。

2. 刀具补偿值的确定

安装刀具进行对刀，测量并输入刀具补偿值。

四、自动加工

进行自动加工和刀具补偿值修正。

【任务评价】

先使用合适的量具自检，将自检结果填写到表3-8中的自检部分，再送检，并将送检结果填入检测结果部分，最后检验自己的自检精度。

表3-8 外沟槽的加工评分表

序号	考核内容	考核要点	配分	评分标准	自检	检测结果	得分	扣分
1	外圆	$\phi D_{-0.039}^{0}$	15	超差不得分				
		$\phi d_{-0.033}^{0}$	15	超差不得分				
2	长度	$23_{-0.1}^{0}$	15	超差不得分				
		$35_{-0.1}^{0}$	15	超差不得分				
3	外沟槽	5×2	5	不符扣5分				
4	倒角	$C1$	5	不符扣5分				
5	表面粗糙度	$Ra3.2(3处)$	15	降级一处扣5分				
6	安全文明生产	零件装夹、刀具安装规范；合理使用工、量具；规范操作机床；做好设备及工量具的清扫和保养工作	15	每违反一条酌情扣1~5分，扣完为止				
7	否定项	发生重大事故(人身和设备安全事故等)、严重违反工艺原则和情节严重的野蛮操作等，由监考人决定是否取消其实操考核资格						
配分		100分		总分				
检测				评分				

任务 3.3　内孔的加工

【任务引入】

如图 3-3 所示，完成如下几项工作：

（1）分析图样，确定零件的加工工艺；

（2）编制零件的加工程序；

（3）设置工件零点参数，测量刀具补偿值，操作机床完成零件的加工；

（4）选择合适的量具，测量零件的精度，并进行零件的质量分析；

（5）培养安全操作机床的良好习惯和提升数控加工的职业情感。

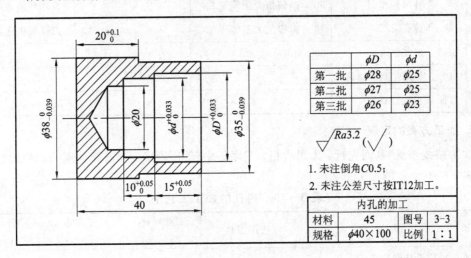

	ϕD	ϕd
第一批	$\phi 28$	$\phi 25$
第二批	$\phi 27$	$\phi 25$
第三批	$\phi 26$	$\phi 23$

$\sqrt{Ra3.2}(\sqrt{\ })$

1. 未注倒角 C0.5；
2. 未注公差尺寸按 IT12 加工。

内孔的加工			
材料	45	图号	3-3
规格	$\phi 40 \times 100$	比例	1:1

图 3-3　内孔的加工

【任务分析】

一、零件图分析

在数控车床上加工如图 3-3 所示的套类零件时，由于数控车床工位有限，一台车床基本不止一位学员，因此安排了三批尺寸，确保每批尺寸不重复；零件材料为 45 钢，为易切钢材，可以选用硬质合金车刀切削加工。该零件结构简单，主要由外圆柱、内孔和端平面组成，尺寸公差等级达 IT8，可通过车削加工达到要求，且表面粗糙度均为 $Ra3.2$。

二、工艺分析

1. 工件装夹方案的确定

由于这个工件是一个内孔轴，并且轴的长度不是很长，故适合用三爪自定心卡盘装夹。为了便于装夹和安全加工，只需将圆钢一端定位夹紧，然后加工另一端露出的部分即可。

2. 量具、刀具、辅具的确定

根据零件图样的加工内容和技术要求，确定量具、刀具和辅具准备清单，如表 3-9 所示。

表 3-9 量具、刀具和辅具准备清单

类别	序号	名称	规格或型号	精度/mm	数量/台	备注
量具	1	游标卡尺	0～150 mm	0.02	1	
	2	深度游标卡尺	0～150 mm	0.02	1	
	3	外径千分尺	25～50 mm	0.01	1	
	4	内径百分表	18～35 mm		1	
刀具	5	端面车刀	45°		1	刀杆和机床匹配
	6	外圆粗车刀	90°，副偏角大于等于 10°		1	刀杆和机床匹配
	7	外圆精车刀	90°，副偏角大于等于 35°		1	刀杆和机床匹配
	8	镗孔刀	90°，副偏角大于等于 10°		2	刀杆和机床匹配
辅具	9	麻花钻	20 mm		1	
	10	常用工具、辅具			1	
	11	函数计算器			1	

3. 加工方案的定制

加工路线根据"基面先行，先粗后精，工序集中"等原则确定，选择合理的切削用量，定制如表 3-10 所示的加工工艺卡。

表 3-10 内孔的加工工艺卡

工步	加工内容	选用刀具	主轴转速/(r/min)	进给量/(mm/r)	背吃刀量/mm
	夹住毛坯圆柱表面一端				
	使用麻花钻在工件上打孔	麻花钻	500		10
1	车端面	端面车刀	800	0.1	0.1～1
2	粗车 $\phi35$、$\phi38$ 外圆，直径方向留余量 0.5 mm	外圆粗车刀	500	0.2	2
3	精车 $\phi35$、$\phi38$ 外圆，包括未注倒角	外圆精车刀	1000	0.1	0.25
4	粗车 ϕD、ϕd 内孔，直径方向留余量 0.5 mm	镗孔粗车刀	500	0.15	1.5
5	精车 ϕD、ϕd 内孔，包括未注倒角	镗孔精车刀	800	0.1	0.25
6	去毛刺、检测和校核				
	卸下工件				

【任务实施】

一、工件装夹

工件毛坯圆柱表面用三爪自定心卡盘装夹，伸出卡爪长度 50 mm 左右，校正并夹紧。加工完成后，卸下工件。

二、程序输入

1. 程序编制

（1）加工及进退刀路径设计。

（2）数学处理及基点的计算。

2. 内孔的加工参考程序（以第一批尺寸为例）

内孔的加工参考程序如表 3-11 所示。

表 3-11 内孔的加工参考程序

程序段号	程序	说明
	O3111	程序名
N010	G97 G99	
N020	S500 M03	主轴正转
N030	G00 X100 Z100 T0101	移动至安全换刀点，并换 1 号刀
N040	X42 Z2	快速定位
N050	G71 U2 R1	外径循环粗加工
N060	G71 P70 Q120 U0.5 W0.1 F0.2	
N070	G00 X35	
N080	G01 Z0 F0.1	
N090	Z-20	
N100	X38	
N110	Z-40	
N120	X42	
N130	G00 X100 Z100	返回安全换刀点
N140	T0202	换 2 号精加工刀
N150	S1000 M03	主轴正转
N160	G00 X42 Z2	快速定位
N170	G70 P70 Q120	精加工
N180	G00 X100 Z100	返回安全换刀点

程序段号	程序	说　明
N190	M05	主轴停止
N200	M00	程序暂停
N210	S500 M03	主轴正转
N220	G00 X100 Z100 T0303	移动至安全换刀点，并换3号刀
N230	G00 X20 Z2	快速定位
N240	G71 U1.5 R1	
N250	G71 P260 Q310 U−0.5 W0.1 F0.15	
N260	G00 X28	
N270	G01 Z0 F0.1	
N280	Z−15	内孔循环粗加工
N290	X25 Z−15	
N300	Z−25	
N310	X20	
N315	G00 X100 Z100	
N320	T0404	换至4号镗孔精车刀
N330	S800 M03	主轴正转
N340	G00 X20 Z2	快速定位
N350	G70 P260 Q310	精加工
N360	G00 X100 Z100	返回安全换刀点
N370	M05	主轴停止
N380	M30	程序结束

3. 程序校验和模拟

三、参数设定

1. 工件零点设置

根据图样分析，工件零点设在工件中心线与右端面的交点处。

2. 刀具补偿值的确定

安装刀具进行对刀，测量并输入刀具补偿值。

四、自动加工

进行自动加工和刀具补偿值修正。

【任务评价】

先使用合适的量具自检，将自检结果填写到表 3-12 中的自检部分，再送检，并将送检结果填入检测结果部分，最后检验自己的自检精度。

表 3-12　内孔的加工评分表

序号	考核内容	考核要点	配分	评分标准	自检	检测结果	得分	扣分
1	外圆	$\phi 38_{-0.039}^{0}$	10	超差不得分				
		$\phi 35_{-0.039}^{0}$	10	超差不得分				
2	长度	$10_{0}^{+0.05}$	5	超差不得分				
		$15_{0}^{+0.05}$	5	超差不得分				
		$20_{0}^{+0.1}$	5	超差不得分				
3	内孔	$\phi D_{0}^{+0.033}$	15	超差不得分				
		$\phi d_{0}^{+0.033}$	15	超差不得分				
4	表面粗糙度	$Ra3.2$(4 处)	20	降级一处扣 5 分				
5	安全文明生产	零件装夹、刀具安装规范；合理使用工、量具；规范操作机床；做好设备及工量具的清扫和保养工作	15	每违反一条酌情扣 1～5 分，扣完为止				
6	否定项	发生重大事故(人身和设备安全事故等)、严重违反工艺原则和情节严重的野蛮操作等，由监考人决定是否取消其实操考核资格						
	配分	100 分		总分				
	检测			评分				

任务 3.4　圆弧轴的加工

【任务引入】

如图 3-4 所示，完成如下几项工作：

（1）分析图样，确定零件的加工工艺；

（2）编制零件的加工程序；

（3）设置工件零点参数，测量刀具补偿值，操作机床完成零件的加工；

（4）选择合适的量具，测量零件的精度，并进行零件的质量分析；

（5）培养安全操作机床的良好习惯和提升数控加工的职业情感。

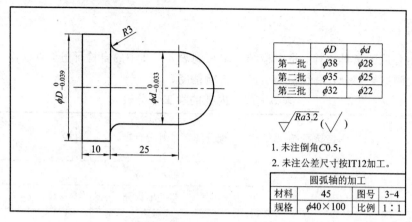

	ϕD	ϕd
第一批	$\phi 38$	$\phi 28$
第二批	$\phi 35$	$\phi 25$
第三批	$\phi 32$	$\phi 22$

$\sqrt{Ra3.2}$ ($\sqrt{}$)

1. 未注倒角C0.5;
2. 未注公差尺寸按IT12加工。

圆弧轴的加工			
材料	45	图号	3-4
规格	$\phi 40 \times 100$	比例	1:1

图 3-4　圆弧轴的加工

【任务分析】

一、零件图分析

在数控车床上加工如图 3-4 所示的轴类零件时,由于数控车床工位有限,一台车床基本不止一位学员,因此安排了三批尺寸,确保每批尺寸不重复;零件材料为 45 钢,为易切钢材,可以选用硬质合金车刀切削加工。该零件结构简单,主要由外圆柱、圆弧和端平面组成,尺寸公差等级达 IT8,可通过车削加工达到要求,且表面粗糙度均为 $Ra3.2$。

二、工艺分析

1. 工件装夹方案的确定

由于这个工件是一个实心轴,并且轴的长度不是很长,故适合用三爪自定心卡盘装夹。为了便于装夹和安全加工,只需将圆钢一端定位夹紧,然后加工另一端露出的部分即可。

2. 量具、刀具、辅具的确定

根据零件图样的加工内容和技术要求,确定量具、刀具和辅具的准备清单,如表 3-13 所示。

表 3-13　量具、刀具和辅具的准备清单

类别	序号	名称	规格或型号	精度/mm	数量/台	备注
量具	1	游标卡尺	0~150 mm	0.02	1	
	2	深度游标卡尺	0~150 mm	0.02	1	
	3	外径千分尺	25~50 mm, 0~25 mm	0.01	各1	
刀具	4	端面车刀	45°		1	刀杆和机床匹配
	5	外圆粗车刀	90°, 副偏角大于等于 10°		1	刀杆和机床匹配
	6	外圆精车刀	90°, 副偏角大于等于 35°		1	刀杆和机床匹配
辅具	7	常用工具、辅具			1	
	8	函数计算器			1	

3. 加工方案的定制

加工路线根据"基面先行，先粗后精，工序集中"等原则确定，选择合理的切削用量，定制如表 3-14 所示的加工工艺卡。

表 3-14   圆弧轴的加工工艺卡

工步	加工内容	选用刀具	主轴转速/ (r/min)	进给量/ (mm/r)	背吃刀量/ mm
	夹住毛坯圆柱表面一端				
1	车端面	端面车刀	800	0.1	0.1～1
2	粗车圆弧，以及 ϕD、ϕd 外圆，直径方向留余量 0.5 mm	外圆粗车刀	500	0.2	2
3	精车圆弧，以及 ϕD、ϕd 外圆，包括未注倒角	外圆精车刀	1000	0.1	0.25
4	去毛刺、检测和校核				
	卸下工件				

【任务实施】

一、工件装夹

工件毛坯圆柱表面用三爪自定心卡盘装夹，伸出卡爪长度 60 mm 左右，校正并夹紧。加工完成后，卸下工件。

二、程序输入

1. 程序编制

(1) 加工及进退刀路径设计。

(2) 数学处理及基点的计算。

2. 圆弧轴的加工参考程序(以第一批尺寸为例)

圆弧轴的加工参考程序如表 3-15 所示。

表 3-15   圆弧轴的加工参考程序

程序段号	程 序	说 明
	O3111	程序名
N010	G97 G99	
N020	S500 M03	主轴正转
N030	G00 X100 Z100 T0101	移动至安全换刀点，并换 1 号刀
N040	X42 Z2	快速定位

续表

程序段号	程　序	说　明
N050	G71 U2 R1	
N060	G71 P70 Q140 U0.5 W0.1 F0.2	
N070	G00 X0	
N080	G01 Z0 F0.1	
N090	G03 X28 Z−14 R14	外径循环粗加工
N100	G01 Z−36	
N110	G02 X34 Z−39 R3	
N120	G01 X38	
N130	Z−49	
N140	X42	
N150	G00 X100 Z100	返回安全换刀点
N160	T0202	换2号精加工刀
N170	S1000 M03	主轴正转
N180	G00 X42 Z2	快速定位
N190	G70 P70 Q140	精加工
N200	G00 X100 Z100	返回安全换刀点
N210	M05	主轴停止
N220	M30	程序结束

3. 程序校验和模拟

三、参数设定

1. 工件零点设置

根据图样分析,工件零点设在工件中心线与右端面的交点处。

2. 刀具补偿值的确定

安装刀具进行对刀,测量并输入刀具补偿值。

四、自动加工

进行自动加工和刀具补偿值修正。

【任务评价】

先使用合适的量具自检,将自检结果填写到表3-16中的自检部分,再送检,并将送检结果填入检测结果部分,最后检验自己的自检精度。

表 3-16　圆弧轴的加工评分表

序号	考核内容	考核要点	配分	评分标准	自检	检测结果	得分	扣分
1	外圆	$\phi D_{-0.039}^{\ 0}$	20	超差不得分				
		$\phi d_{-0.033}^{\ 0}$	20	超差不得分				
2	长度	10	15	超差不得分				
3	圆弧	R3	15	不符扣5分				
4	表面粗糙度	Ra3.2(2处)	15	降级一处扣5分				
5	安全文明生产	零件装夹、刀具安装规范;合理使用工、量具;规范操作机床;做好设备及工量具的清扫和保养工作	15	每违反一条酌情扣1~5分,扣完为止				
6	否定项	发生重大事故(人身和设备安全事故等)、严重违反工艺原则和情节严重的野蛮操作等,由监考人决定是否取消其实操考核资格						
配分	100分			总分				
检测				评分				

任务 3.5　螺纹轴的加工

【任务引入】

如图 3-5 所示,完成如下几项工作:

(1) 分析图样,确定零件的加工工艺;

(2) 编制零件的加工程序;

(3) 设置工件零点参数,测量刀具补偿值,操作机床完成零件的加工;

(4) 选择合适的量具,测量零件的精度,并进行零件的质量分析;

(5) 培养安全操作机床的良好习惯和提升数控加工的职业情感。

【任务分析】

一、零件图分析

在数控车床上加工如图 3-5 所示的轴类零件时,由于数控车床工位有限,一台车床基本不止一位学员,因此安排了三批尺寸,确保每批尺寸不重复;零件材料为 45 钢,为易切钢材,可以选用硬质合金车刀切削加工。该零件结构简单,主要由外圆柱、螺纹、退刀槽和端平面组成,尺寸公差等级达 IT8,可通过车削加工达到要求,且表面粗糙度均为 Ra3.2。

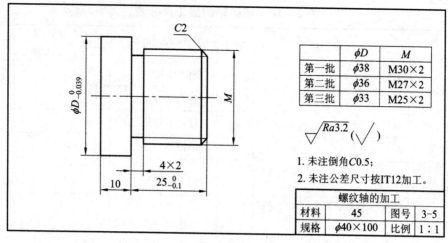

	ϕD	M
第一批	$\phi 38$	M30×2
第二批	$\phi 36$	M27×2
第三批	$\phi 33$	M25×2

$\sqrt{Ra3.2}$ $(\sqrt{\quad})$

1. 未注倒角C0.5；
2. 未注公差尺寸按IT12加工。

螺纹轴的加工		
材料	45	图号	3-5
规格	$\phi 40 \times 100$	比例	1:1

图 3-5 螺纹轴的加工

二、工艺分析

1. 工件装夹方案的确定

由于这个工件是一个实心轴，并且轴的长度不是很长，故适合用三爪自定心卡盘装夹。为了便于装夹和安全加工，只需将圆钢一端定位夹紧，然后加工另一端露出的部分即可。

2. 量具、刀具、辅具的确定

根据零件图样的加工内容和技术要求，确定量具、刀具和辅具的准备清单如表 3-17 所示。

表 3-17 量具、刀具和辅具的准备清单

类别	序号	名称	规格或型号	精度/mm	数量/台	备注
量具	1	游标卡尺	0～150 mm	0.02	1	
	2	深度游标卡尺	0～150 mm	0.02	1	
	3	外径千分尺	25～50 mm	0.01	1	
	4	螺纹环规			1	
刀具	5	端面车刀	45°		1	刀杆和机床匹配
	6	外圆粗车刀	90°，副偏角大于等于10°		1	刀杆和机床匹配
	7	外圆精车刀	90°，副偏角大于等于35°		1	刀杆和机床匹配
	8	外沟槽刀	4 mm		1	刀杆和机床匹配
	9	外螺纹刀			1	刀杆和机床匹配
辅具	10	常用工具、辅具			1	
	11	函数计算器			1	

3. 加工方案的定制

加工路线根据"基面先行，先粗后精，工序集中"等原则确定，选择合理的切削用量，定

制如表 3-18 所示的加工工艺卡。

表 3-18　螺纹轴的加工工艺卡

工步	加工内容	选用刀具	主轴转速/(r/min)	进给量/(mm/r)	背吃刀量/mm
	夹住毛坯圆柱表面一端				
1	车端面	端面车刀	800	0.1	0.1~1
2	粗车 ϕD、M 外圆，直径方向留余量 0.5 mm	外圆粗车刀	500	0.2	2
3	精车 ϕD、M 外圆，包括未注倒角	外圆精车刀	1000	0.1	0.25
4	切削 4×2 的外沟槽	外沟槽刀	300	0.05	
5	车削外螺纹	外螺纹刀	500	2	
6	去毛刺、检测和校核				
	卸下工件				

【任务实施】

一、工件装夹

工件毛坯圆柱表面用三爪自定心卡盘装夹，伸出卡爪长度 45 mm 左右，校正并夹紧。加工完成后，卸下工件。

二、程序输入

1. 程序编制

（1）加工及进退刀路径设计。

（2）数学处理及基点的计算。

2. 螺纹轴的加工参考程序（以第一批尺寸为例）

螺纹轴的加工参考程序如表 3-19 所示。

表 3-19　螺纹轴的加工参考程序

程序段号	程　序	说　明
	O3111	程序名
N010	G97 G99	
N020	S500 M03	主轴正转
N030	G00 X100 Z100 T0101	移动至安全换刀点，并换 1 号刀
N040	X42 Z2	快速定位

续表

N050	G71 U2 R1	
N060	G71 P70 Q130 U0.5 W0.1 F0.2	
N070	G00 X26	
N080	G01 Z0 F0.1	
N090	X29.8 Z−2	外径循环粗加工
N100	Z−25	
N110	X38	
N120	Z−35	
N130	X42	
N140	G00 X100 Z100	返回安全换刀点
N150	T0202	换2号精加工刀
N160	S1000 M03	主轴正转
N170	G00 X42 Z2	快速定位
N180	G70 P70 Q130	精加工
N190	G00 X100 Z100	返回安全换刀点
N200	M05	主轴停止
N210	M00	程序暂停
N220	S300 M03	主轴正转
N230	G00 X100 Z100 T0303	移动至安全换刀点，并换3号刀
N240	G00 X40 Z−25	快速定位
N250	G01 X26 F0.05	退刀槽加工
N260	X43	
N270	M05	主轴停止
N280	M00	程序暂停
N290	G00 X100 Z100 T0404	移动至安全换刀点，并换4号刀
N300	S500 M03	主轴正转
N310	G00 X35 Z2	快速定位

续表

N320	G92 X29.1 Z－23 F2	车削螺纹
N330	X28.5	
N340	X27.9	
N350	X27.5	
N360	X27.4	
N370	G0 X100 Z100	返回安全换刀点
N380	M05	主轴停止
N390	M30	程序结束

3. 程序校验和模拟

三、参数设定

1. 工件零点设置

根据图样分析，工件零点设在工件中心线与右端面的交点处。

2. 刀具补偿值的确定

安装刀具进行对刀，测量并输入刀具补偿值。

四、自动加工

进行自动加工和刀具补偿值修正。

【任务评价】

先使用合适的量具自检，将自检结果填写到表 3－20 中的自检部分，再送检，并将送检结果填入检测结果部分，最后检验自己的自检精度。

表 3－20　螺纹轴的加工评分表

序号	考核内容	考核要点	配分	评分标准	自检	检测结果	得分	扣分
1	外圆	$\phi D_{-0.039}^{0}$	15	超差不得分				
2	长度	$25_{-0.1}^{0}$	15	超差不得分				
		10	15	超差不得分				
3	螺纹	M	15	超差不得分				
4	退刀槽	4×2	5	不符扣 5 分				
5	倒角	$C2$	5	不符扣 5 分				
6	表面粗糙度	$Ra3.2$(3 处)	15	降级一处扣 5 分				

续表

序号	考核内容	考核要点	配分	评分标准	自检	检测结果	得分	扣分
7	安全文明生产	零件装夹、刀具安装规范； 合理使用工、量具； 规范操作机床； 做好设备及工量具的清扫和保养工作	15	每违反一条酌情扣 1～5 分，扣完为止				
8	否定项	发生重大事故(人身和设备安全事故等)、严重违反工艺原则和情节严重的野蛮操作等，由监考人决定是否取消其实操考核资格						
	配分	100 分		总分				
	检测			评分				

【项目拓展】

完成图 3-6～图 3-26 所示零件的数控编程及加工。

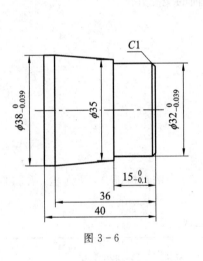

图 3-6

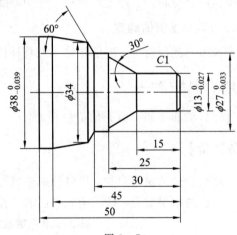

图 3-7

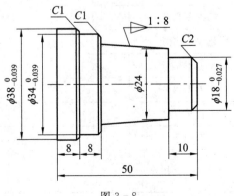

图 3-8

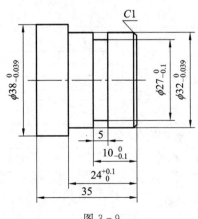

图 3-9

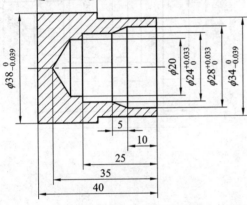

图 3 - 10

图 3 - 11

图 3 - 12

图 3 - 13

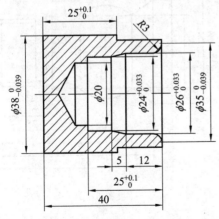

图 3 - 14

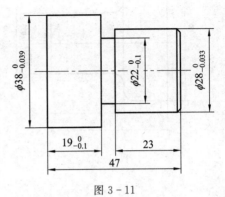

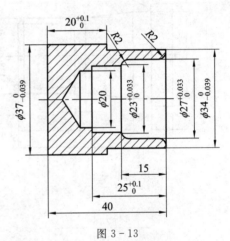

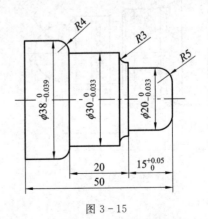

图 3 - 15

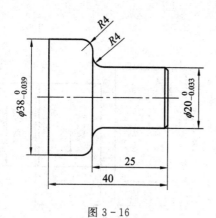

图 3 - 16

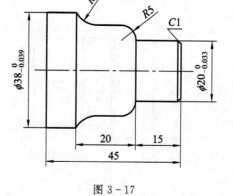

图 3 - 17

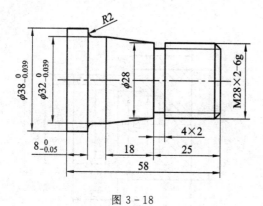

图 3 - 18

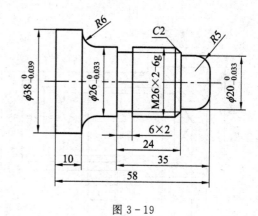

图 3 - 19

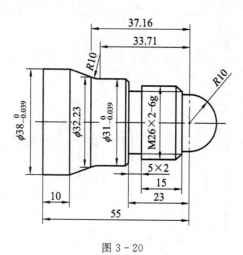

图 3 - 20

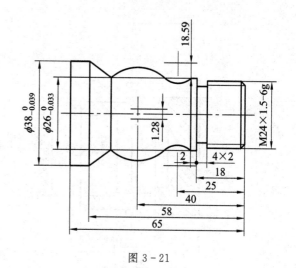

图 3 - 21

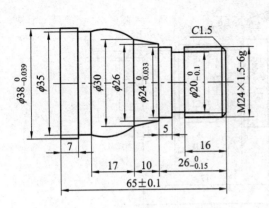

图 3 - 22

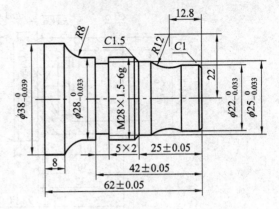

图 3 - 23

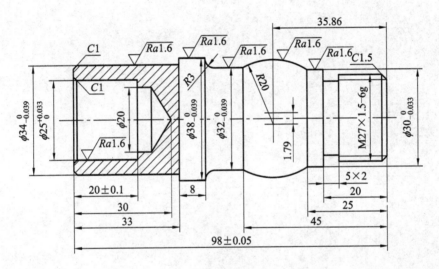

图 3 - 24

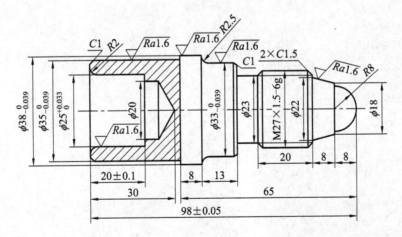

图 3 - 25

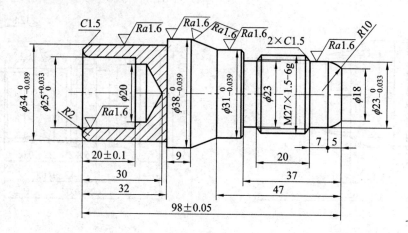

图 3 - 26

项目 4　中级工技能训练

本课程注重实践操作，对接职业资格标准，强化综合实践能力考核。项目 4 就在此基础上，以中级工要求为依据编写的。该项目面向实践，注重实用，以超差 0.5 为废品作为标准，灌输质量为重的理念，强化安全第一的意识。在这个项目中，要求：能读懂较复杂的零件图；能编制简单（轴、盘）零件的数控加工工艺文件；能手工编制由直线、圆弧组成的二维轮廓、外沟槽和外三角螺纹的数控加工程序；能通过数控车床操作，进行轴、套类零件，外沟槽和外三角螺纹的加工，并达到一定的精度；能进行零件的长度，以及内径、外径、螺纹角度精度的检验；能进行数控车床的日常维护。

任务 4.1　中级工综合件一的加工

【任务引入】

如图 4-1 所示，完成如下几项工作：

（1）分析图样，确定零件的加工工艺；

（2）编制零件的加工程序；

（3）设置工件零点参数，测量刀具补偿值，操作机床完成零件的加工；

（4）选择合适的量具，测量零件的精度，并进行零件的质量分析；

（5）培养安全操作机床的良好习惯和提升数控加工的职业情感。

【任务分析】

一、零件图分析

在数控车床上加工如图 4-1 所示的轴类零件时，为提高原毛坯的利用率，安排了三个重要尺寸，给出了尺寸范围，确保每批尺寸不重复。为了提高质量意识，重要尺寸超差 0.5 mm 以上，倒扣 41 分。零件材料为 45 钢，为易切钢材，可以选用硬质合金车刀切削加工。该零件主要由外圆柱、外沟槽、外螺纹和端平面组成，尺寸公差等级达 IT7，均可通过车削加工达到要求，且表面粗糙度为 $Ra1.6$ 和 $Ra3.2$。

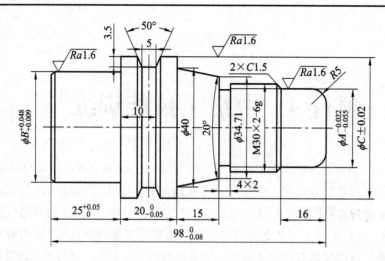

图 4-1 中级工综合件一的加工

说明:
1. 图中未标注尺寸部位由考评员当场宣布指定值;
2. 主要尺寸A或B或C超差>0.5 mm时倒扣41分。

尺寸	指定值(整数)	范围
A		24~27
B		35~38
C		46~48

技术要求:
1. 未注公差尺寸允许偏差±0.1 mm;
2. 未注倒角均为C1;
3. 锐角倒钝C0.2。

中级工综合件一的加工			
材料	45	图号	4-1
规格	$\phi50\times100$	比例	1:1

二、工艺分析

1. 工件装夹方案的确定

由于这个工件是一个实心轴,并且轴的长度不是很长,故适合用三爪自定心卡盘装夹。为了便于装夹和安全加工,只需将圆钢一端定位夹紧,然后加工另一端露出的部分即可。

2. 设备、辅件、备料、量具、刀具、工具的确定

根据零件图样的加工内容和技术要求,确定设备和辅件、备料、刀具和工具、量具清单,如表4-1~表4-4所示。

表 4-1 设备和辅件清单

名　称	规　格	数　量	备　注
数控车床	CK6136 或 CK1640 或 CK6150	大于等于 5 台	数控系统不限
卡盘扳手	与车床匹配	1 副/台	
刀架扳手	与车床匹配	1 副/台	
电刻字笔		1 支	考件编号用

表 4 - 2　备 料 清 单

名　称	规　格	数　量	备　注
45 钢	$\phi 50 \times 100$	1 段/考生	

表 4 - 3　刀具和工具清单

序号	名　称	规　格	数量/台	备　注
1	端面车刀	45°	1	刀杆与机床匹配
2	外圆车刀	90°，副偏角大于等于 10°	1	刀杆与机床匹配
3	外圆车刀	90°，副偏角大于等于 35°	1	刀杆与机床匹配
4	外切槽刀	刀宽小于等于 4 mm	1	刀杆与机床匹配
5	三角形外螺纹车刀	刀尖角 60°	1	刀杆与机床匹配
6	中心钻	A3	1	
7	钻夹头	莫氏	1	
8	活顶尖	与机床匹配	1	
9	莫氏锥套		若干	
10	函数型计算器		1	
11	铁屑钩		1	
12	刷子		1	

表 4 - 4　量 具 清 单

序号	名　称	规　格	精度/mm	数量/台	备　注
1	游标卡尺	0～100 mm	0.02	1	
2	外径千分尺	0～25 mm	0.01	1	
3	外径千分尺	25～50 mm	0.01	1	
4	深度游标卡尺	0～150 mm	0.02	1	
5	万能角度尺	0°～320°	2°	1	
6	螺纹千分尺	25～50 mm	0.01	1	或螺纹环规 M30×2 - 6 g
7	半径样板	R1～R6.5、R7～ R14.5、R15～R25		各 1	
8	粗糙度样板(车床)	N0～N1	12 级	1	

3. 人员要求

(1) 每个考场考评员应不少于 2 人。

(2) 考评员必须于考试前 30 分钟到达考场，检查考场设备。

(3) 每个考场应配有一名机修人员。

4. 注意事项

（1）技能考核时间为 120 min（含"加工准备"时间）。考核方式为编制数控加工程序和实际操作机床。每一考生必须手工编程（可使用计算器），不得使用电脑和 CAD/CAM 软件，要求独立操作机床并按图纸要求加工零件。

（2）下一批考生考核时，必须删除数控系统内前一考生的所有加工程序。

5. 加工方案的定制

加工路线根据"基面先行，先粗后精，工序集中"等原则确定，选择合理的切削用量，定制如表 4-5 所示的加工工艺卡。

表 4-5　中级工综合件一的加工工艺卡

工步号	工步内容	选用刀具	主轴转速/ (r/min)	进给速度/ (mm/r)	背吃刀量/ mm
1	车削端面	45°端面车刀	500	手轮	1
2	粗加工左端外轮廓，C1、ϕB、ϕC 外圆	90°外圆车刀	500	0.2	1
3	精加工左端外轮廓	90°外圆车刀	1200	0.1	0.25
4	加工 50°梯形槽	切槽刀	400	0.08	4
5	去毛刺	45°端面车刀	500	手轮	
6	粗加工右端外轮廓，R5、ϕA 外圆，螺纹外圆，锥度	90°外圆车刀	500	0.2	1
7	精加工右端外轮廓	90°外圆车刀	1200	0.1	0.25
8	加工右端退刀槽	切槽刀	400	0.08	4
9	加工螺纹 M30×2	60°螺纹刀	900	2	
10	去毛刺	45°端面车刀	500	手轮	

【任务实施】

一、工件装夹

工件毛坯圆柱表面用三爪自定心卡盘装夹，伸出卡爪长度 55 mm 左右，校正并夹紧。加工完成左端后卸下工件，调头夹 ϕB 外圆，三爪靠紧台阶，校正并夹紧，加工完成右端后卸下工件。

二、程序输入

1. 程序编制

（1）加工及进退刀路径设计。

（2）数学处理及基点的计算。

2. 中级工综合件一的加工参考程序(以范围中最大尺寸为例)

中级工综合件一的加工参考程序如表 4-6 所示。此程序需要外轮廓粗、精加工车刀各一把。

表 4-6　中级工综合件一的加工参考程序

程序段号	加工程序	程序段号	加工程序
	O0001(左端)		O0002(右端)
	G97 G99		G97 G99
	S500 M03		S500 M03
	G00 X100 Z100 T0101		G00 X100 Z100 T0101
	X50 Z2		X50 Z2
	G71 U1 R1		G71 U1 R1
	G71 P1 Q2 U0.5 W0.1 F0.2		G71 P1 Q2 U0.5 W0.1 F0.2
N1	G00 X36	N1	G00 X17
	G1 Z0 F0.1		G1 Z0 F0.1
	X38 Z−1		G3 X27 Z−5 R5
	G01 Z−25		G01 Z−16
	X46		X29.8 Z−17.5
	X48 Z−26		Z−38
	Z−46		X34.71
N2	X50		X40 Z−53
	S1200 M03 T0101		X46
	G00 X50 Z2	N2	X50 W−2
	G70 P1 Q2		S1200 M03 T0101
	G00 X100		G00 X50 Z2
	Z100		G70 P1 Q2
	M05		G00 X100
	M00		Z100
	S400 M03 T0202		M05
	G00 X50 Z−37.5		M00
	G01 X41 F0.08		S400 M03 T0202
	X50		G00 X36 Z−38
	X48 W−1.63		G01 X26 F0.08
	X41 W1.63		X36

续表

程序 段号	加工程序	程序 段号	加工程序
	X50		G00 X100
	W1		Z100
	X41		M05
	X50		M00
	X48 W1.63		S900 M03 T0303
	X41 W−1.63		G00 X32 Z−12
	X50		G92 X29.1 Z−36 F2
	G0 X100		X28.5
	Z100		X27.9
	M05		X27.5
	M30		X27.4
			G00 X100
			Z100
			M05
			M30

3. 程序校验和模拟

三、参数设定

1. 工件零点设置

根据图样分析,工件零点设在工件中心线与右端面的交点处。

2. 刀具补偿值的确定

安装刀具进行对刀,测量并输入刀具补偿值。

四、自动加工

进行自动加工和刀具补偿值修正。

【任务评价】

先使用合适的量具自检,将自检结果填写到表 4−7 中的自检部分,再送检,将送检结论填入检测结果部分,最后检验自己的自检精度。

表 4-7　中级工综合件一的加工评分表

序号	考核内容	考核要点	配分	评分标准	自检	检测结果	得分	扣分
1	否定项	安全操作	0	发生撞刀等严重生产任务事故，终止鉴定				
		主要尺寸 A、B、C	0	尺寸超差 > 0.5 mm，扣 41 分				
		夹痕、去毛刺	0	有严重碰伤、过切等扣 41 分				
2	外圆	ϕA (　) $^{-0.022}_{-0.055}$	10	超差不得分				
		ϕB (　) $^{+0.048}_{+0.009}$	10	超差不得分				
		ϕC (　) ± 0.02	10	超差不得分				
		$R5$	3	超差不得分				
		$Ra1.6$ (3 处)	6	降级 1 处扣 2 分				
3	长度	$25^{+0.05}_{0}$	8	超差不得分				
		$20^{0}_{-0.05}$	8	超差不得分				
		$98^{0}_{-0.08}$	8	超差不得分				
4	螺纹	M30×2-6g	10	超差不得分				
		4×2、2×C1.5	3	超差 1 处扣 1 分				
		$Ra3.2$	2	降级不得分				
5	圆锥	20°	4	超差不得分				
		$\phi40$、15	2	超差 1 处扣 1 分				
6	梯形槽	50°、5、3.5、10	6	超差不得分				
		$Ra3.2$	2	降级不得分				
7	侧角	C1 (3 处)	3	1 处不符扣 1 分				
		锐边去毛刺	1	不去毛刺扣 1 分				
8	表面粗糙度 $Ra3.2$	$Ra3.2$ (4 处)	4	降级 1 处扣 1 分				
9	安全文明生产	零件装夹、刀具安装和加工工艺正确	0	1 处不合理扣 2 分				
		机床操作正确	0	操作不规范扣 2~5 分				
		保养机床和量具正确	0	没有保养扣 2~5 分				
	配分		100	总分				

任务 4.2 中级工综合件二的加工

【任务引入】

如图 4-2 所示，完成如下几项工作：

（1）分析图样，确定零件的加工工艺；

（2）编制零件的加工程序；

（3）设置工件零点参数，测量刀具补偿值，操作机床完成零件的加工；

（4）选择合适的量具，测量零件的精度，并进行零件的质量分析；

（5）培养安全操作机床的良好习惯和提升数控加工的职业情感。

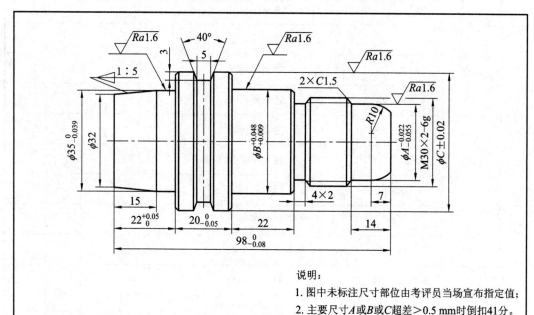

说明：

1. 图中未标注尺寸部位由考评员当场宣布指定值；

2. 主要尺寸 A 或 B 或 C 超差 >0.5 mm 时倒扣 41 分。

尺寸	指定值(整数)	范围
A		24～26
B		32～36
C		46～48

技术要求：

1. 未注公差尺寸允许偏差 ±0.1 mm；

2. 未注倒角均为 C1；

3. 锐角倒钝 C0.2。

中级工综合件二的加工		
材料	45	图号	4-2
规格	$\phi50 \times 100$	比例	1:1

图 4-2 中级工综合件二的加工

【任务分析】

一、零件图分析

在数控车床上加工如图 4-2 所示的轴类零件时，由于数控车床工位有限，一台车床基本不止一位学员，因此安排了三个重要尺寸，给出了尺寸范围，确保每批尺寸不重复。为了树立质量意识，重要尺寸超差 0.5 mm 以上倒扣 41 分。零件材料为 45 钢，为易切钢材，可以选用硬质合金车刀切削加工。该零件主要由外圆柱、外沟槽、外螺纹和端平面组成，尺寸公差等级达 IT7，均可通过车削加工达到要求，且表面粗糙度为 Ra1.6 和 Ra3.2。

二、工艺分析

1. 工件装夹方案的确定

由于这个工件是一个实心轴，并且轴的长度不是很长，故适合用三爪自定心卡盘装夹。为了便于装夹和安全加工，只需将圆钢一端定位夹紧，然后加工另一端露出的部分即可。

2. 设备、辅件、备料、量具、刀具、工具的确定

根据零件图样的加工内容和技术要求，确定设备和辅件、备料、刀具和工具、量具清单，如表 4-1～表 4-4 所示。

3. 加工方案的定制

加工路线根据"基面先行，先粗后精，工序集中"等原则确定，选择合理的切削用量，定制如表 4-8 所示的加工工艺卡。

表 4-8 中级工综合件二的加工工艺卡

工步号	工步内容	选用刀具	主轴转速/(r/min)	进给速度/(mm/r)	背吃刀量/mm
1	车削端面	45°端面车刀	500	手轮	1
2	粗加工右端外轮廓，$R10$、ϕA 外圆，螺纹外圆，ϕB 外圆	90°外圆车刀	500	0.2	1
3	精加工右端外轮廓	90°外圆车刀	1200	0.1	0.25
4	加工右端退刀槽	切槽刀	400	0.08	4
5	加工螺纹 M30×2	60°螺纹刀	900	2	
6	去毛刺	45°端面车刀	500	手轮	
7	粗加工左端外轮廓，1∶5 圆锥，$\phi 35$、ϕC 外圆	90°外圆车刀	500	0.2	1
8	精加工左端外轮廓	90°外圆车刀	1200	0.1	0.25
9	加工 40°梯形槽	切槽刀	400	0.08	4
10	去毛刺	45°端面车刀	500	手轮	

【任务实施】

一、工件装夹

工件毛坯圆柱表面用三爪自定心卡盘装夹，伸出卡爪长度 70 mm 左右，校正并夹紧。

加工完成右端后卸下工件，调头夹 ϕB 外圆，伸出 52 mm 左右，校正并夹紧，加工完成左端后卸下工件。

二、程序输入

1. 程序编制

(1) 加工及进退刀路径设计。

(2) 数学处理及基点的计算。

2. 中级工综合件二的加工参考程序(以范围中最大尺寸为例)

中级工综合件二的加工参考程序如表 4-9 所示。此程序需外轮廓粗、精车刀各一把。

表 4-9　中级工综合件二的加工参考程序

程序段号	加工程序	程序段号	加工程序
	O0001(左端)		O0002(右端)
	G97 G99		G97 G99
	S500 M03		S500 M03
	G00 X100 Z100 T0101		G00 X100 Z100 T0101
	X50 Z2		X50 Z2
	G71 U1 R1		G71 U1 R1
	G71 P1 Q2 U0.5 W0.1 F0.2		G71 P1 Q2 U0.5 W0.1 F0.2
N1	G00 X32	N1	G00 X20.28
	G1 Z0 F0.1		G1 Z0 F0.1
	X35 Z−15		G3 X26 Z−7 R10
	Z−22		G01 Z−14
	X46		X29.8 W−1.5
	X48 Z−23		Z−34
	Z−43		X34
N2	X50		X36 W−1
	S1200 M03 T0101		Z−56
	G00 X50 Z2		X46
	G70 P1 Q2	N2	X50 W−2
	G00 X100		S1200 M03 T0101
	Z100		G00 X50 Z2
	M05		G70 P1 Q2
	M00		G00 X100
	S400 M03 T0202		Z100

续表

程序段号	加工程序	程序段号	加工程序
	G00 X50 Z−34.5		M05
	G01 X42 F0.08		M00
	X50		S400 M03 T0202
	X48 W−1.1		G00 X38 Z−34
	X42 W1.1		G01 X26 F0.08
	X50		X32
	W1		X30 W1.5
	X42		X27 W−1.5
	X50		X32
	X48 W1.1		G00 X100
	X42 W−1.1		Z100
	X50		M05
	G0 X100		M00
	Z100		S900 M03 T0303
	M05		G00 X32 Z−10
	M30		G92 X29.1 Z−32 F2
			X28.5
			X27.9
			X27.5
			X27.4
			G00 X100
			Z100
			M05
			M30

3. 程序校验和模拟

三、参数设定

1. 工件零点设置

根据图样分析，工件零点设在工件中心线与右端面的交点处。

2. 刀具补偿值的确定

安装刀具进行对刀，测量并输入刀具补偿值。

四、自动加工

进行自动加工和刀具补偿值修正。

【任务评价】

先使用合适的量具自检，将自检结果填写到表 4-10 中的自检部分，再送检，并将送检结果填入检测结果部分，最后检验自己的自检精度。

表 4-10 中级工综合件二的加工评分表

序号	考核内容	考核要点	配分	评分标准	自检	检测结果	得分	扣分
1	否定项	安全操作	0	发生撞刀等严重生产任务事故，终止鉴定				
		主要尺寸 A、B、C	0	尺寸超差＞0.5 mm，扣 41 分				
		夹痕、去毛刺	0	有严重碰伤、过切等扣 41 分				
2	外圆	$\phi A(\quad)^{-0.022}_{-0.055}$	9	超差不得分				
		$\phi B(\quad)^{+0.048}_{+0.009}$	9	超差不得分				
		$\phi C(\quad)\pm0.02$	9	超差不得分				
		$\phi 35^{0}_{-0.039}$	8	超差不得分				
		$Ra1.6$(4 处)	8	降级 1 处扣 2 分				
3	长度	$22^{+0.05}_{0}$	6	超差不得分				
		$20^{0}_{-0.05}$	8	超差不得分				
		$98^{0}_{-0.08}$	6	超差不得分				
4	螺纹	M30×2-6g	10	超差不得分				
		4×2、2×C1.5	2	超差 1 处扣 1 分				
		$Ra3.2$	2	降级不得分				
5	圆锥	C1:5	5	超差不得分				
		15	2	超差 1 处扣 1 分				
6	梯形槽	40°、5、3	6	超差不得分				
		$Ra3.2$	2	降级不得分				
7	倒角	C1(3 处)	3	1 处不符扣 1 分				
		锐边去毛刺	1	不去毛刺扣 1 分				
8	表面粗糙度 $Ra3.2$	$Ra3.2$(4 处)	4	降级 1 处扣 1 分				
9	安全文明生产	零件装夹、刀具安装和加工工艺正确	0	1 处不合理扣 2 分				
		机床操作正确	0	操作不规范扣 2~5 分				
		保养机床和量具正确	0	没有保养扣 2~5 分				
配分			100	总 分				

任务 4.3　中级工综合件三的加工

【任务引入】

如图 4 - 3 所示，完成如下几项工作：

（1）分析图样，确定零件的加工工艺；

（2）编制零件的加工程序；

（3）设置工件零点参数，测量刀具补偿值，操作机床完成零件的加工；

（4）选择合适的量具，测量零件的精度，并进行零件的质量分析；

（5）培养安全操作机床的良好习惯和提升数控加工的职业情感。

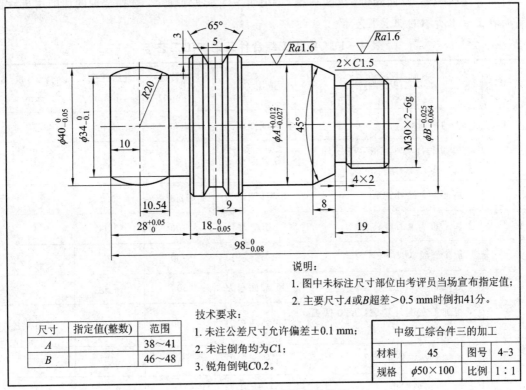

说明：

1. 图中未标注尺寸部位由考评员当场宣布指定值；

2. 主要尺寸 A 或 B 超差 > 0.5 mm 时倒扣 41 分。

技术要求：

1. 未注公差尺寸允许偏差 ±0.1 mm；

2. 未注倒角均为 $C1$；

3. 锐角倒钝 $C0.2$。

尺寸	指定值（整数）	范围
A		38～41
B		46～48

中级工综合件三的加工			
材料	45	图号	4-3
规格	$\phi 50 \times 100$	比例	1：1

图 4 - 3　中级工综合件三的加工

【任务分析】

一、零件图分析

在数控车床上加工如图 4 - 3 所示的轴类零件时，由于数控车床工位有限，一台车床基本不止一位学员，因此安排了两个重要尺寸，给出了尺寸范围，确保每批尺寸不重复。为了树立质量意识，重要尺寸超差 0.5 mm 以上倒扣 41 分。零件材料为 45 钢，为易切钢材，可以选用硬质合金车刀切削加工。该零件主要由外圆柱、外沟槽、外螺纹和端平面组成，尺寸公差等级达 IT7，均可通过车削加工达到要求，且表面粗糙度为 $Ra1.6$ 和 $Ra3.2$。

二、工艺分析

1. 工件装夹方案的确定

由于这个工件是一个实心轴，并且轴的长度不是很长，故适合用三爪自定心卡盘装夹。为了便于装夹和安全加工，只需将圆钢一端定位夹紧，然后加工另一端露出的部分即可。

2. 设备、辅件、备料、量具、刀具、工具的确定

根据零件图样的加工内容和技术要求，确定设备和辅件、备料、刀具和工具、量具清单，如表 4-1～表 4-4 所示。

3. 加工方案的定制

加工路线根据"基面先行，先粗后精，工序集中"等原则确定，选择合理的切削用量，定制如表 4-11 所示的加工工艺卡。

表 4-11 中级工综合件三的加工工艺卡

工步号	工步内容	选用刀具	主轴转速/(r/min)	进给速度/(mm/r)	背吃刀量/mm
1	车削端面	45°端面车刀	500	手轮	1
2	粗加工右端外轮廓，螺纹外圆、圆锥、ϕA 外圆	55°外圆车刀	500	0.2	1
3	精加工右端外轮廓	55°外圆车刀	1200	0.1	0.25
4	加工右端退刀槽	切槽刀	400	0.08	4
5	加工螺纹 M30×2	60°螺纹刀	900	2	
6	去毛刺	45°端面车刀	500	手轮	
7	粗加工左端外轮廓，R20 圆弧，$\phi34$、ϕB 外圆，	55°外圆车刀	500	0.2	1
8	精加工左端外轮廓	55°外圆车刀	1200	0.1	0.25
9	加工 65°梯形槽	切槽刀	400	0.08	4
10	去毛刺	45°端面车刀	500	手轮	

【任务实施】

一、工件装夹

工件毛坯圆柱表面用三爪自定心卡盘装夹，伸出卡爪长度 65 mm 左右，校正并夹紧。加工完成右端后卸下工件，调头夹 ϕA 外圆，伸出长度 56 mm 左右，校正并夹紧，加工完

成左端后卸下工件。

二、程序输入

1. 程序编制

（1）加工及进退刀路径设计。

（2）数学处理及基点的计算。

2. 中级工综合件三的加工参考程序（以范围中最大尺寸为例）

中级工综合件三的加工参考程序如表 4 - 12 所示。此程序需要外轮廓粗、精加工车刀各一把。

表 4 - 12　中级工综合件三的加工参考程序

程序段号	加工程序	程序段号	加工程序
	O0001（左端）		O0002（右端）
	G97 G99		G97 G99
	S500 M03		S500 M03
	G00 X100 Z100 T0101		G00 X100 Z100 T0101
	X50 Z2		X50 Z2
	G73 U8 R8		G71 U1 R1
	G73 P1 Q2 U0.5 W0.1 F0.2		G71 P1 Q2 U0.5 W0.1 F0.2
N1	G00 X34.64	N1	G00 X27
	G1 Z0 F0.1		G1 Z0 F0.1
	G3X34 Z−20.54 R20		X29.8 Z−1.5
	G1 Z−28		Z−19
	X46		X34.37
	X48 Z−29		X41 W−8
	Z−47		Z−52
N2	X50		X46
	S1200 M03 T0101	N2	X50 W−2
	G00 X50 Z2		S1200 M03 T0101
	G70 P1 Q2		G00 X50 Z2
	G00 X100		G70 P1 Q2
	Z100		G00 X100
	M05		Z100
	M00		M05

续表

程序段号	加工程序	程序段号	加工程序
	S400 M03 T0202		M00
	G00 X50 Z−39.5		S400 M03 T0202
	G01 X42 F0.08		G00 X38 Z−19
	X50		G01 X26 F0.08
	X48 W−1.73		X32
	X42 W1.73		X30 W1.5
	X50		X27 W−1.5
	W1		X32
	X42		G00 X100
	X50		Z100
	X48 W1.73		M05
	X42 W−1.73		M00
	X50		S900 M03 T0303
	G0 X100		G00 X32 Z4
	Z100		G92 X29.1 Z−17 F2
	M05		X28.5
	M30		X27.9
			X27.5
			X27.4
			G00 X100
			Z100
			M05
			M30

3. 程序校验和模拟

三、参数设定

1. 工件零点设置

根据图样分析,工件零点设在工件中心线与右端面的交点处。

2. 刀具补偿值的确定

安装刀具进行对刀,测量并输入刀具补偿值。

四、自动加工

进行自动加工和刀具补偿值修正。

【任务评价】

先使用合适的量具自检，将自检结果填写到表 4-13 中的自检部分，再送检，并将送检结果填入检测结果部分，最后检验自己的自检精度。

表 4-13   中级工综合件三的加工评分表

序号	考核内容	考核要点	配分	评分标准	自检	检测结果	得分	扣分
1	否定项	安全操作	0	发生撞刀等严重生产任务事故，终止鉴定				
		主要尺寸 A、B	0	尺寸超差＞0.5 mm，扣 41 分				
		夹痕、去毛刺	0	有严重碰伤、过切等扣 41 分				
2	外圆	$\phi A ($ $)^{+0.012}_{-0.027}$	10	超差不得分				
		$\phi B ($ $)^{-0.025}_{-0.064}$	10	超差不得分				
		$\phi 40^{0}_{-0.05}$	8	超差不得分				
		$\phi 34^{0}_{-0.10}$	2	超差不得分				
		$Ra1.6$（2 处）	4	降级 1 处扣 2 分				
3	长度	$28^{+0.05}_{0}$	8	超差不得分				
		$18^{0}_{-0.05}$	10	超差不得分				
		$98^{0}_{-0.08}$	8	超差不得分				
4	螺纹	M30×2 - 6g	10	超差不得分				
		19、4×2、2×C1.5	3	超差 1 处扣 1 分				
		$Ra3.2$	2	降级不得分				
5	圆锥	45°	3	超差不得分				
		8	1	超差 1 处扣 1 分				
6	圆弧	$R20$	5	超差不得分				
		10、10.54	1	超差 1 处扣 0.5 分				
7	梯形槽	65°、5、3、9	5	超差不得分				
		$Ra3.2$	2	降级不得分				
8	倒角	C1（2 处）	2	1 处不符扣 1 分				
		锐边去毛刺	1	不去毛刺扣 1 分				
9	表面粗糙度 $Ra3.2$	$Ra3.2$（5 处）	5	降级 1 处扣 1 分				

续表

序号	考核内容	考核要点	配分	评分标准	自检	检测结果	得分	扣分
10	安全文明生产	零件装夹、刀具安装和加工工艺正确	0	1处不合理扣2分				
		机床操作正确	0	操作不规范扣2~5分				
		保养机床和量具正确	0	没有保养扣2~5分				
配分			100	总　分				

任务4.4　中级工综合件四的加工

【任务引入】

如图4-4所示，完成如下几项工作：

(1) 分析图样，确定零件的加工工艺；

(2) 编制零件的加工程序；

(3) 设置工件零点参数，测量刀具补偿值，操作机床完成零件的加工；

(4) 选择合适的量具，测量零件的精度，并进行零件的质量分析；

(5) 培养安全操作机床的良好习惯和提升数控加工的职业情感。

【任务分析】

一、零件图分析

在数控车床上加工如图4-4所示的轴类零件时，由于数控车床工位有限，一台车床基本不止一位学员，因此安排了两个重要尺寸，给出了尺寸范围，确保每批尺寸不重复。为了提高质量意识，重要尺寸超差0.5 mm以上倒扣41分。零件材料为45钢，为易切钢材，可以选用硬质合金车刀切削加工。该零件主要由外圆柱、外沟槽、外螺纹和端平面组成，尺寸公差等级达IT7，均可通过车削加工达到要求，且表面粗糙度为 $Ra1.6$ 和 $Ra3.2$。

二、工艺分析

1. 工件装夹方案的确定

由于这个工件是一个实心轴，并且轴的长度不是很长，故适合用三爪自定心卡盘装夹。为了便于装夹和安全加工，只需将圆钢一端定位夹紧，然后加工另一端露出的部分即可。

2. 设备、辅件、备料、量具、刀具、工具的确定

根据零件图样的加工内容和技术要求，确定设备和辅件、备料、刀具和工具、量具清单，如表4-1~表4-4所示。

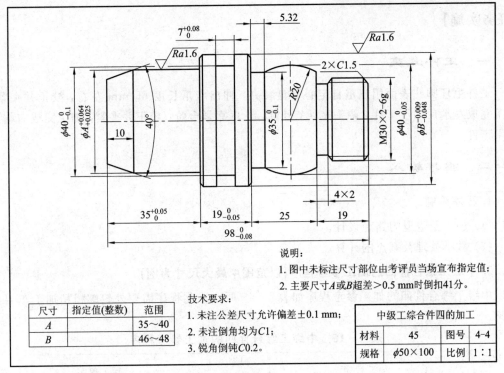

图 4-4　中级工综合件四的加工

尺寸	指定值(整数)	范围
A		35～40
B		46～48

技术要求：
1. 未注公差尺寸允许偏差±0.1 mm；
2. 未注倒角均为C1；
3. 锐角倒钝C0.2。

说明：
1. 图中未标注尺寸部位由考评员当场宣布指定值；
2. 主要尺寸A或B超差＞0.5 mm时倒扣41分。

中级工综合件四的加工		
材料	45	图号	4-4
规格	$\phi50\times100$	比例	1∶1

3. 加工方案的定制

加工路线根据"基面先行，先粗后精，工序集中"等原则确定，选择合理的切削用量，定制如表4-14所示的加工工艺卡。

表 4-14　中级工综合件四的加工工艺卡

工步号	工步内容	选用刀具	主轴转速/ (r/min)	进给速度/ (mm/r)	背吃刀量/ mm
1	车削端面	45°端面车刀	500	手轮	1
2	粗加工左端外轮廓，圆锥、ϕA、ϕB外圆	外圆车刀	500	0.2	1
3	精加工左端外轮廓	外圆车刀	1200	0.1	0.25
4	加工宽7的矩形槽	切槽刀	400	0.08	4
5	去毛刺	45°端面车刀	500	手轮	
6	粗加工右端外轮廓，螺纹外圆，R20、$\phi35$外圆	外圆车刀	500	0.2	1
7	精加工右端外轮廓	外圆车刀	1200	0.1	0.25
8	加工右端退刀槽	切槽刀	400	0.08	4
9	加工螺纹 M30×2	60°螺纹刀	900	2	
10	去毛刺	45°端面车刀	500	手轮	

【任务实施】

一、工件装夹

工件毛坯圆柱表面用三爪自定心卡盘装夹,伸出卡爪长度 65 mm 左右,校正并夹紧。加工完成左端后卸下工件,调头夹 ϕA 外圆,三爪靠紧台阶,校正并夹紧,加工完成右端后卸下工件。

二、程序输入

1. 程序编制

(1) 加工及进退刀路径设计。

(2) 数学处理及基点的计算。

2. 中级工综合件四的加工参考程序(以范围中最大尺寸为例)

中级工综合件四的加工参考程序如表 4－15 所示。此程序需要外轮廓粗精加工车刀各一把。

表 4－15　中级工综合件四的加工参考程序

程序段号	加工程序	程序段号	加工程序
	O0001(左端)		O0002(右端)
	G97 G99		G97 G99
	S500 M03		S500 M03
	G00 X100 Z100 T0101		G00 X100 Z100 T0101
	X50 Z2		X50 Z2
	G71 U1 R1		G73 U11 R11
	G71 P1 Q2 U0.5 W0.1 F0.2		G73 P1 Q2 U0.5 W0.1 F0.2
N1	G00 X32.72	N1	G00 X27
	G1 Z0 F0.1		G1 Z0 F0.1
	X40 Z−10		X29.8 Z−1.5
	Z−35		Z−19
	X46		X34.64
	X48 Z−36		G3 X35 W−19.68 R20
	Z−55		G1 Z−44
N2	X50		X46
	S1200 M03 T0101	N2	X50 W−2
	G00 X50 Z2		S1200 M03 T0101

续表

程序段号	加工程序	程序段号	加工程序
	G70 P1 Q2		G00 X50 Z2
	G00 X100		G70 P1 Q2
	Z100		G00 X100
	M05		Z100
	M00		M05
	S400 M03 T0202		M00
	G00 X50 Z−48		S400 M03 T0202
	G01 X40 F0.08		G00 X37 Z−19
	X50		G01 X26 F0.08
	W3		X32
	X40		X30 W1.5
	X50		X27 W−1.5
	G0 X100		X32
	Z100		G00 X100
	M05		Z100
	M30		M05
			M00
			S900 M03 T0303
			G00 X32 Z4
			G92 X29.1 Z−17 F2
			X28.5
			X27.9
			X27.5
			X27.4
			G00 X100
			Z100
			M05
			M30

3. 程序校验和模拟

三、参数设定

1. 工件零点设置

根据图样分析，工件零点设在工件中心线与右端面的交点处。

2. 刀具补偿值的确定

安装刀具进行对刀，测量并输入刀具补偿值。

四、自动加工

进行自动加工和刀具补偿值修正。

【任务评价】

先使用合适的量具自检，将自检结果填写到表 4-16 中的自检部分，再送检，并将送检结果填入检测结果部分，最后检验自己的自检精度。

表 4-16 中级工综合件四的加工评分表

序号	考核内容	考核要点	配分	评分标准	自检	检测结果	得分	扣分
1	否定项	安全操作	0	发生撞刀等严重生产任务事故，终止鉴定				
		主要尺寸 A、B	0	尺寸超差 >0.5 mm，扣 41 分				
		夹痕、去毛刺	0	有严重碰伤、过切等扣 41 分				
2	外圆	$\phi A(\ )^{+0.064}_{+0.025}$	10	超差不得分				
		$\phi B(\ )^{-0.009}_{-0.048}$	10	超差不得分				
		$\phi 40^{\ 0}_{-0.05}$	8	超差不得分				
		$\phi 35^{\ 0}_{-0.10}$	2	超差不得分				
		$Ra1.6$(2 处)	4	降级 1 处扣 2 分				
3	长度	$35^{+0.05}_{\ 0}$	8	超差不得分				
		$19^{\ 0}_{-0.05}$	10	超差不得分				
		$98^{\ 0}_{-0.08}$	8	超差不得分				
4	螺纹	M30×2-6g	10	超差不得分				
		19、4×2、2×C1.5	3	超差 1 处扣 1 分				
		$Ra3.2$	2	降级不得分				
5	圆锥	40°	2	超差不得分				
		10	1	超差 1 处扣 1 分				
6	圆弧	$R20$	5	超差不得分				
		25	1	超差 1 处扣 0.5 分				
7	直槽	$7^{+0.08}_{\ 0}$	6	超差不得分				
		$\phi 40^{\ 0}_{-0.10}$	2	降级不得分				

序号	考核内容	考核要点	配分	评分标准	自检	检测结果	得分	扣分
8	倒角	C1(2处)	2	1处不符扣1分				
		锐边去毛刺	1	不去毛刺扣1分				
9	表面粗糙度 Ra3.2	Ra3.2(5处)	5	降级1处扣1分				
10	安全文明生产	零件装夹、刀具安装和加工工艺正确	0	1处不合理扣2分				
		机床操作正确	0	操作不规范扣2~5分				
		保养机床和量具正确	0	没有保养扣2~5分				
配分			100	总　分				

任务 4.5　中级工综合件五的加工

【任务引入】

如图 4-5 所示，完成如下几项工作：

（1）分析图样，确定零件的加工工艺；

（2）编制零件的加工程序；

（3）设置工件零点参数，测量刀具补偿值，操作机床完成零件的加工；

（4）选择合适的量具，测量零件的精度，并进行零件的质量分析；

（5）培养安全操作机床的良好习惯和提升数控加工的职业情感。

【任务分析】

一、零件图分析

在数控车床上加工如图 4-5 所示的轴类零件时，由于数控车床工位有限，一台车床基本不止一位学员，因此安排了三个重要尺寸，给出了尺寸范围，确保每批尺寸不重复。为了提高质量意识，重要尺寸超差 0.5 mm 以上倒扣 41 分。零件材料为 45 钢，为易切钢材，可以选用硬质合金车刀切削加工。该零件主要由外圆柱、外沟槽、外螺纹和端平面组成，尺寸公差等级达 IT7，均可通过车削加工达到要求，且表面粗糙度为 $Ra1.6$ 和 $Ra3.2$。

二、工艺分析

1. 工件装夹方案的确定

由于这个工件是一个实心轴，并且轴的长度不是很长，故适合用三爪自定心卡盘装夹。为了便于装夹和安全加工，只需将圆钢一端定位夹紧，然后加工另一端露出的部分即可。

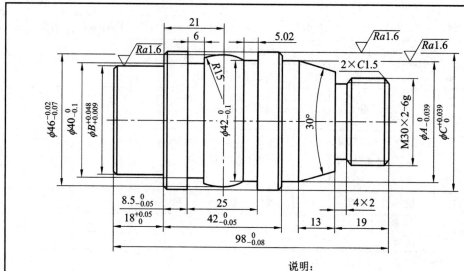

说明：
1. 图中未标注尺寸部位由考评员当场宣布指定值；
2. 主要尺寸A或B或C超差＞0.5 mm时倒扣41分。

尺寸	指定值(整数)	范围
A		38～42
B		34～40
C		46～48

技术要求：
1. 未注公差尺寸允许偏差±0.1 mm；
2. 未注倒角均为C1；
3. 锐角倒钝C0.2。

中级工综合件五的加工		
材料	45	图号	4-5
规格	$\phi50\times100$	比例	1:1

图 4-5 中级工综合件五的加工

2. 设备、辅件、备料、量具、刀具、工具的确定

根据零件图样的加工内容和技术要求，确定设备和辅件、备料、刀具和工具、量具清单，如表 4-1～表 4-4 所示。

3. 加工方案的定制

加工路线根据"基面先行，先粗后精，工序集中"等原则确定，选择合理的切削用量，定制如表 4-17 所示的加工工艺卡。

表 4-17 中级工综合件五的加工工艺卡

工步号	工步内容	选用刀具	主轴转速/ (r/min)	进给速度/ (mm/r)	背吃刀量/ mm
1	车削端面	45°端面车刀	500	手轮	1
2	粗加工左端外轮廓，ϕB、ϕC、R15、$\phi 42$	外圆车刀	500	0.2	1
3	精加工左端外轮廓	外圆车刀	1200	0.1	0.25
4	加工宽为6的矩形槽	切槽刀	400	0.08	4
5	去毛刺	45°端面车刀	500	手轮	
6	粗加工右端外轮廓，螺纹外圆、圆锥、ϕA 外圆	外圆车刀	500	0.2	1

续表

工步号	工步内容	选用刀具	主轴转速/ (r/min)	进给速度/ (mm/r)	背吃刀量/ mm
7	精加工右端外轮廓	外圆车刀	1200	0.1	0.25
8	加工右端退刀槽	切槽刀	400	0.08	4
9	加工螺纹 M30×2	60°螺纹刀	900	2	
10	去毛刺	45°端面车刀	500	手轮	

【任务实施】

一、工件装夹

工件毛坯圆柱表面用三爪自定心卡盘装夹，伸出卡爪长度 70 mm 左右，校正并夹紧。加工完成左端后卸下工件，调头夹 ϕB 外圆，三爪靠紧台阶，校正并夹紧，加工完成右端后卸下工件。

二、程序输入

1. 程序编制

（1）加工及进退刀路径设计。

（2）数学处理及基点的计算。

2. 中级工综合件五的加工参考程序（以范围中最大尺寸为例）

中级工综合件五的加工参考程序如表 4－18 所示。此程序需外轮廓粗、精加工车刀各一把。

表 4－18　中级工综合件五的加工参考程序

程序 段号	加工程序	程序 段号	加工程序
	O0001（左端）		O0002（右端）
	G97 G99		G97 G99
	S500 M03		S500 M03
	G00 X100 Z100 T0101		G00 X100 Z100 T0101
	X50 Z2		X50 Z2
	G73 U6 R6		G71 U1 R1
	G73 P1 Q2 U0.5 W0.1 F0.2		G71 P1 Q2 U0.5 W0.1 F0.2
N1	G00 X38	N1	G00 X27
	G1 Z0 F0.1		G1 Z0 F0.1
	X40 Z－1		X29.8 Z－1.5
	Z－18		Z－19

程序段号	加工程序	程序段号	加工程序
	X46		X35.03
	X48W－1		X42 W－13
	Z－26.5		Z－38
	X43.04 W－6		X46
	G3 X42 W－13.98 R15	N2	X50 W－2
	G1 Z－51.5		S1200 M03 T0101
	X48		G00 X50 Z2
	Z－61		G70 P1 Q2
N2	X50		G00 X100
	S1200 M03 T0101		Z100
	G00 X50 Z2		M05
	G70 P1 Q2		M00
	G00 X100		S400 M03 T0202
	Z100		G00 X37 Z－19
	M05		G01 X26 F0.08
	M00		X32
	S400 M03 T0202		X30 W1.5
	G00 X50 Z－32.5		X27 W－1.5
	G01 X40 F0.08		X32
	X50		G00 X100
	W2		Z100
	X40		M05
	X50		M00
	G0 X100		S900 M03 T0303
	Z100		G00 X32 Z4
	M05		G92 X29.1 Z－17 F2
	M30		X28.5
			X27.9
			X27.5
			X27.4
			G00 X100
			Z100
			M05
			M30

3. 程序校验和模拟

三、参数设定

1. 工件零点设置

根据图样分析，工件零点设在工件中心线与右端面的交点处。

2. 刀具补偿值的确定

安装刀具进行对刀，测量并输入刀具补偿值。

四、自动加工

进行自动加工和刀具补偿值修正。

【任务评价】

先使用合适的量具自检，将自检结果填写到表 4 – 19 中的自检部分，再送检，并将送检结果填入检测结果部分，最后检验自己的自检精度。

表 4 – 19　中级工综合件五的加工评分表

序号	考核内容	考核要点	配分	评分标准	自检	检测结果	得分	扣分
1	否定项	安全操作	0	发生撞刀等严重生产任务事故，终止鉴定				
		主要尺寸 A、B、C	0	尺寸超差>0.5 mm，扣 41 分				
		夹痕、去毛刺	0	有严重碰伤、过切等扣 41 分				
2	外圆	$\phi A(\ )_{-0.039}^{0}$	10	超差不得分				
		$\phi B(\ )_{+0.009}^{+0.048}$	10	超差不得分				
		$\phi C_{0}^{+0.039}$	10	超差不得分				
		$\phi 46_{-0.07}^{-0.02}$	8	超差不得分				
		$\phi 40_{-0.10}^{0}$、$\phi 42_{-0.10}^{0}$	4	超差不得分				
		$Ra1.6$(3 处)	6	降级 1 处扣 2 分				
3	长度	$18_{0}^{+0.05}$	4	超差不得分				
		$42_{-0.05}^{0}$	6	超差不得分				
		$8.5_{-0.05}^{0}$	4	超差不得分				
		$98_{-0.08}^{0}$	6	超差不得分				

续表

序号	考核内容	考核要点	配分	评分标准	自检	检测结果	得分	扣分
4	螺纹	M30×2-6g	10	超差不得分				
		19、4×2、2×C1.5	3	超差1处扣1分				
		Ra3.2	2	降级不得分				
5	圆锥	30°	3	超差不得分				
		13	1	超差1处扣1分				
6	圆弧	R15	3	超差不得分				
		25、6、5.02	2	超差1处扣0.5分				
7	倒角	C1(3处)	3	1处不符扣1分				
		锐边去毛刺	1	不去毛刺扣1分				
8	表面粗糙度 Ra3.2	Ra3.2(4处)	4	降级1处扣1分				
9	安全文明 生产	零件装夹、刀具 安装和加工工艺 正确	0	1处不合理扣2分				
		机床操作正确	0	操作不规范扣2～ 5分				
		保养机床和量 具正确	0	没有保养扣2～5分				
	配分		100	总　分				

【项目拓展】

完成图4-6～图4-24所示零件的数控编程及加工。

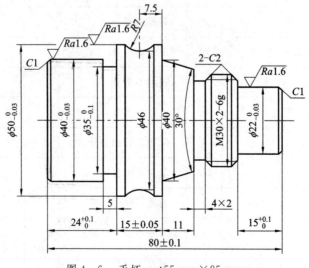

图4-6　毛坯—φ55 mm×85 mm

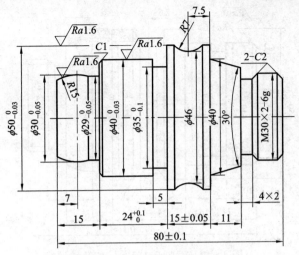

图 4 - 7　毛坯二 ϕ55 mm×85 mm

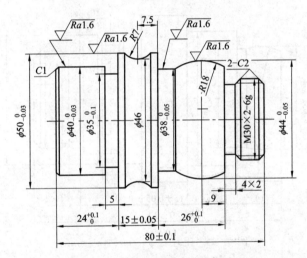

图 4 - 8　毛坯三 ϕ55 mm×85 mm

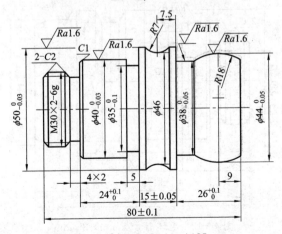

图 4 - 9　毛坯四 ϕ55 mm×85 mm

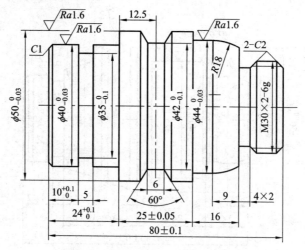

图 4-10 毛坯五 ϕ55 mm×85 mm

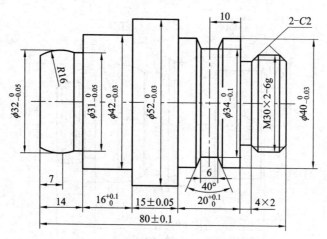

图 4-11 毛坯六 ϕ55 mm×85 mm

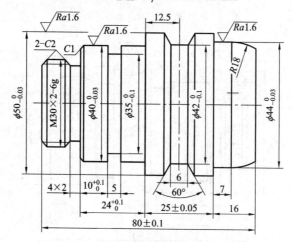

图 4-12 毛坯七 ϕ55 mm×85 mm

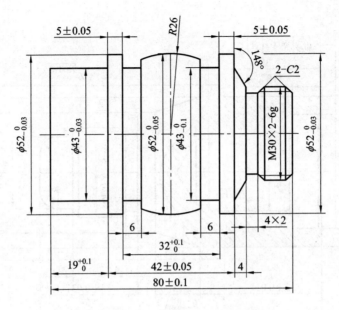

图 4-13　毛坯八 ϕ55 mm×85 mm

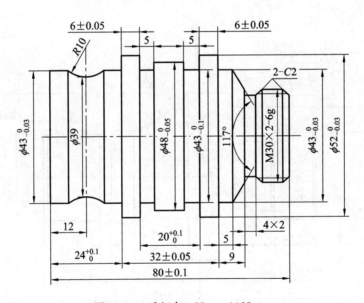

图 4-14　毛坯九 ϕ55 mm×85 mm

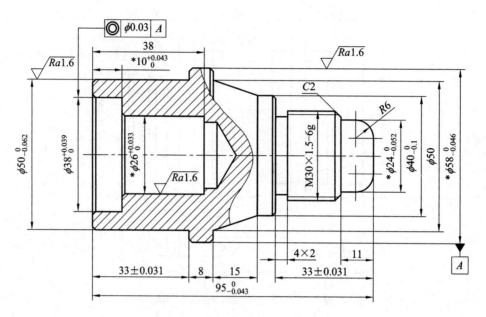

图 4-15 毛坯十 ϕ60 mm×100 mm

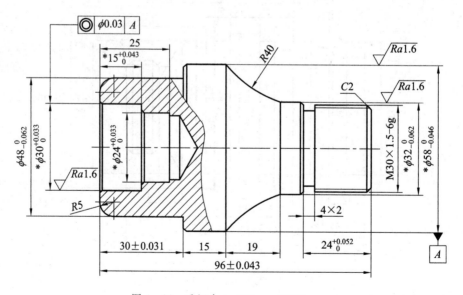

图 4-16 毛坯十一 ϕ60 mm×100 mm

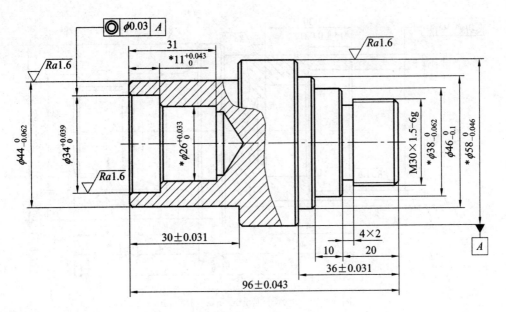

图 4-17　毛坯十二 $\phi60$ mm×100 mm

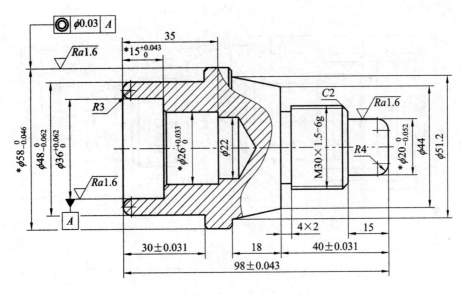

图 4-18　毛坯十三 $\phi60$ mm×100 mm

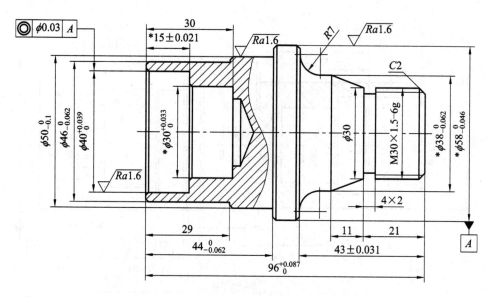

图 4-19　毛坯十四 φ60 mm×100 mm

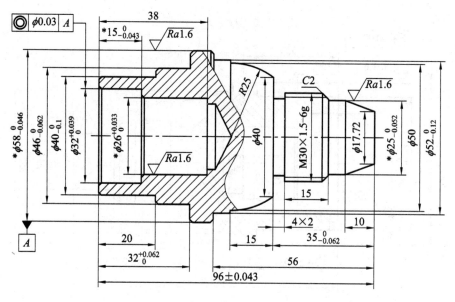

图 4-20　毛坯十五 φ60 mm×100 mm

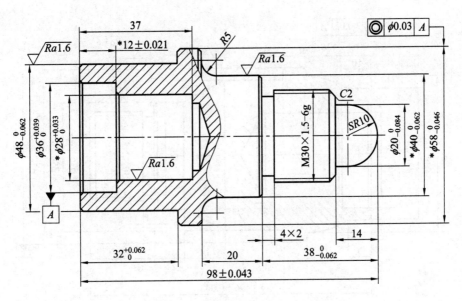

图 4-21　毛坯十六 ϕ60 mm×100 mm

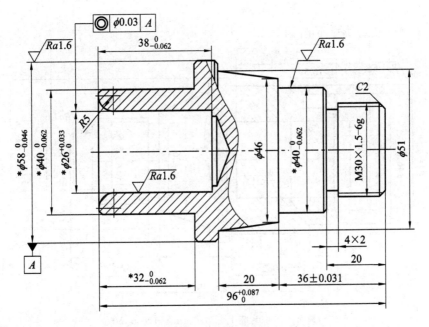

图 4-22　毛坯十七 ϕ60 mm×100 mm

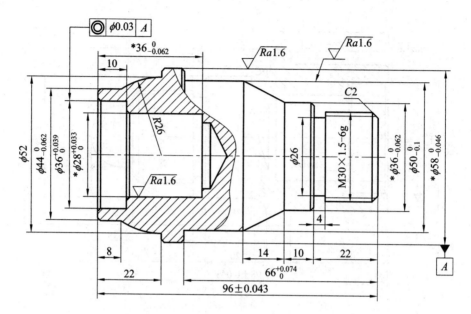

图 4-23 毛坯十八 ϕ60 mm×100 mm

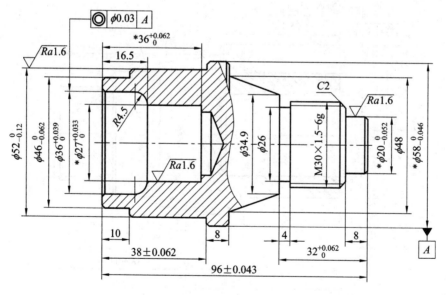

图 4-24 毛坯十九 ϕ60 mm×100 mm

项目 5　数控车床宏程序的编制

在一般的程序中，程序字为常量，只能描述固定的几何形状，缺乏灵活性和适用性。若能用改变参数的方法使同一主程序能加工形状（属性）相同但尺寸（参数）不同的零件，加工就会非常方便。加工不规则形状零件时，机床需要做非圆曲线运动，一般手工编程达不到要求。针对以上情况，数控车床提供了另一种编程方法，即宏编程。

在程序中使用变量，通过对变量进行赋值及处理使程序具有特殊功能，这种有变量的程序叫做宏程序。

用户宏程序分为 A、B 两种。一般情况下，在一些较老的 FANUC 系统中采用 A 类宏程序，而在较为先进的系统中则采用 B 类宏程序。本书主要介绍 B 类宏程序的运用。

本项目主要介绍应用宏程序编写椭圆、抛物线等非圆曲线轮廓加工程序。

相关编程说明如下：

数控车床的坐标系均采用符合右手定则规定的笛卡尔直角坐标系（见图 5-1）。

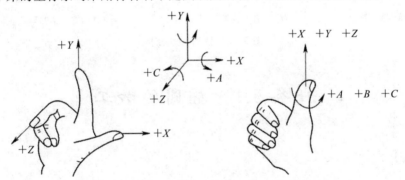

图 5-1　笛卡尔直角坐标系

按照右手笛卡尔坐标系确定数控车床的坐标系中各坐标轴时，根据主轴先确定 Z 轴，然后再确定 X 轴，最后确定 Y 轴。普通数控车床没有 Y 轴的移动，但 $+Y$ 方向在判断圆弧顺逆及判断刀补方向时起作用。

对于前置刀架的数控车床（见图 5-2），$+Y$ 指向车床下方，而圆弧的顺逆、刀补的左右方向的判别需由 $+Y$ 看，这与操作者正常看轮廓的方向（$-Y$）正好相反。在判别圆弧顺逆方向时，正常看到的圆弧方向与按要求 $+Y$ 方向看到的圆弧方向相反，这会带来很大的误导。

因此，对于前置刀架的数控车床编程，为防止判别过程的出错，在图样上先将工件、刀具及 X 轴同时绕 Z 轴旋转 $180°$ 后再进行圆弧方向、刀尖圆弧半径补偿偏置方向等的判别。此时，正 Y 轴向外，与后置刀架的判别方向相同（也可理解为无论前置、后置刀架，均按后置刀架情况进行判别）。

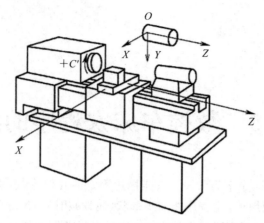

图 5-2　前置刀架的数控车床

在以下项目任务中，即使是前置刀架的数控车床，也将采用后置刀架走刀轨迹进行分析（见图 5-3）、编程。

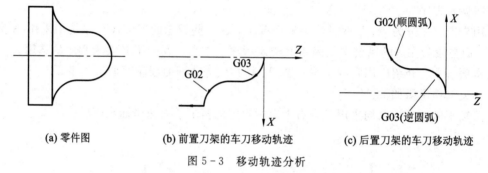

(a) 零件图　　　　　　(b) 前置刀架的车刀移动轨迹　　　　(c) 后置刀架的车刀移动轨迹

图 5-3　移动轨迹分析

任务 5.1　椭圆的加工

【任务引入】

如图 5-4 所示，完成如下几项工作：

(1) 分析图样，确定零件的加工工艺；

(2) 编制零件的加工程序；

(3) 设置工件零点参数，测量刀具补偿值，操作机床完成零件的加工；

(4) 选择合适的量具，测量零件的精度，并进行零件的质量分析；

(5) 培养安全操作机床的良好习惯和提升数控加工的职业情感。

【任务分析】

一、零件图分析

在数控车床上加工如图 5-4 所示的轴类零件时，由于一台车床基本不止一位学员，因此安排了三批尺寸，确保每批尺寸不重复。零件材料为 45 钢，为易切钢材，可以选用硬质

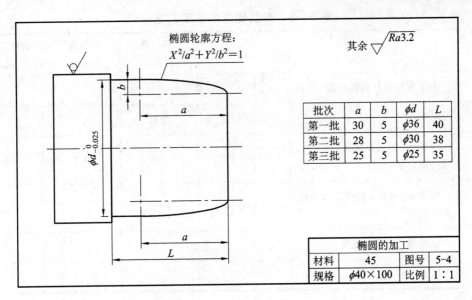

椭圆轮廓方程：
$$X^2/a^2 + Y^2/b^2 = 1$$

其余 $\sqrt{Ra3.2}$

批次	a	b	ϕd	L
第一批	30	5	$\phi36$	40
第二批	28	5	$\phi30$	38
第三批	25	5	$\phi25$	35

椭圆的加工		
材料	45	图号	5-4
规格	$\phi40 \times 100$	比例	1:1

图 5-4　椭圆的加工

合金车刀切削加工。该零件结构简单，主要由外圆柱、椭圆和端平面组成，尺寸公差等级达 IT7，可通过车削加工达到要求，且表面粗糙度均为 $Ra3.2$。

二、工艺分析

1. 工件装夹方案的确定

由于这个工件是一个实心轴，并且轴的长度不是很长，故适合用三爪自定心卡盘装夹。为了便于装夹和安全加工，只需将圆钢一端定位夹紧，然后加工另一端露出的部分即可。

2. 量具、刀具和辅具的确定

根据零件图样的加工内容和技术要求，确定量具、刀具和辅具的准备清单如表 5-1 所示。

表 5-1　量具、刀具和辅具的准备清单

类别	序号	名称	规格或型号	精度/mm	数量/台	备注
量具	1	游标卡尺	0～150 mm	0.02	1	
	2	深度游标卡尺	0～150 mm	0.02	1	
	3	外径千分尺	25～50 mm	0.01	1	
刀具	4	外圆粗车刀	90°，副偏角大于等于10°		1	刀杆和机床匹配
	5	外圆精车刀	90°，副偏角大于等于35°		1	刀杆和机床匹配
辅具	6	常用工具、辅具			1	
	7	函数计算器			1	

3. 加工方案的定制

加工路线根据"基面先行，先粗后精，工序集中"等原则确定，选择合理的切削用量，定制如表 5-2 所示的加工工艺卡。

表 5 - 2　椭圆轮廓的加工工艺卡

工步	加工内容	选用刀具	主轴转速/(r/min)	进给量/(mm/r)	背吃刀量/mm
	夹住毛坯圆柱表面一端				
1	车端面	端面车刀	800	0.1	0.1~1
2	粗车 ϕd 外圆、椭圆面，直径方向留余量 0.5 mm	外圆粗车刀	500	0.2	2
3	精车 ϕd 外圆、椭圆面，包括未注倒角	外圆精车刀	1000	0.1	0.25
4	去毛刺、检测和校核				
	卸下工件				

三、相关知识

1. 椭圆介绍

椭圆在物理、天文和工程方面很常见。譬如，椭圆的面镜可以将某个焦点发出的光线全部反射到另一个焦点处；椭圆的透镜（某些截面为椭圆）有汇聚光线的作用（也叫凸透镜），老花眼镜、放大镜和远视眼镜都是这种镜片，而这些镜片都需由模具浇铸制成。

在平面直角坐标系中，用方程描述了椭圆，椭圆的标准方程（见图 5 - 5）中的"标准"指的是中心在原点，对称轴为坐标轴。

标准方程为

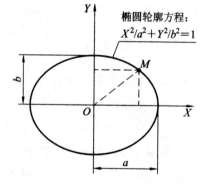

椭圆轮廓方程：$X^2/a^2 + Y^2/b^2 = 1$

图 5 - 5　椭圆的标准方程

$$\frac{X^2}{a^2} + \frac{Y^2}{b^2} = 1$$

（1）当已知椭圆上某点（M）的 X 坐标值，求该点 Y 坐标值的公式为

$$Y = b \times \sqrt{1 - \frac{X^2}{a^2}}$$

（2）当已知椭圆上某点（M）的 Y 坐标值，求该点 X 坐标值的公式为

$$X = a \times \sqrt{1 - \frac{Y^2}{b^2}}$$

2. 按要求完成下列内容，并初识宏程序

零件图一（见图 5 - 7）中的椭圆轮廓是左侧标准椭圆曲线一（见图 5 - 6）中的一部分，完成表 5 - 3 和表 5 - 4。

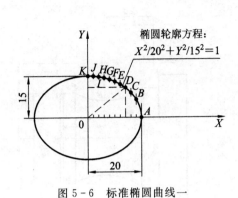

图 5-6　标准椭圆曲线一

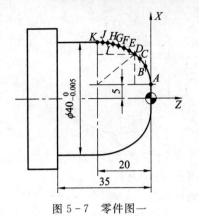

图 5-7　零件图一

表 5-3　数学几何坐标点

数学几何坐标点		
坐标点	X 坐标值	Y 坐标值
A		
B		
C		
D	14	10.712
E		
F		
G		
H		
I		
J		
K		

表 5-4　数控编程坐标点

数控编程坐标点		
坐标点	X 坐标值	Z 坐标值
A		
B		
C		
D	31.424	-6
E		
F		
G		
H		
I		
J		
K		

从 A 点到 K 点：

X 值从_____变化至_____，每次变化量为_____。

Y 值的计算公式为：

_____。

上框中采用相同的公式计算了 10 次。若 X 值每次变化量为 0.1，则需计算_____个目标点坐标。

采用宏程序编写：

　　$\#1=20$
N10　$\#1=\#1-2$
　　$\#2=15*SQRT[1-\#1*\#1/20/20]$
G01　$X[10+2*\#2]$　$Z[\#1-20]$
IF[$\#1$ GT 0] GOTO 10

（注：经过条件函数的判别，10 次循环执行相同程序部分，$\#1$ 由初值 20 变化为 0。对应一个 $\#1$（X 值），计算出相应的 $\#2$（Y 值））。

零件图二（见图 5-9）中的椭圆轮廓是左侧标准椭圆曲线二（见图 5-10）中的一部分，完成空白处的内容。

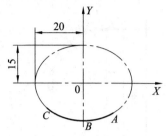

图 5－8　标准椭圆曲线二

从 A 点到 C 点：

Y 坐标值从＿＿至＿＿再至＿＿。

X 坐标值的计算公式为：

＿＿＿＿＿＿＿＿＿＿＿。

A 点的 X 坐标值为＿＿＿；

B 点的 X 坐标值为＿＿＿；

C 点的 X 坐标值为＿＿＿；

X 坐标值从＿＿至＿＿。

此例中，若以 Y 作为主变量，需建立两段宏程序；以 X 作为主变量，只需建立一段宏程序。

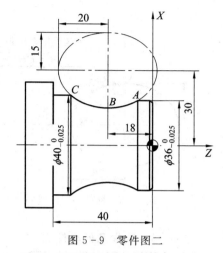

图 5－9　零件图二

从 A 点到 C 点：

　　#1＝＿＿＿＿＿；（图 5－8 中 A 点的 X 坐标值）

　　N10　#1＝#1－0.1

　　　　#2＝15＊SQRT［1－#1＊#1/20/20］

　　　　G01　X［60－2＊#2］　Z［#1－18］

　　　　IF［#1 GT ＿＿］GOTO 10

（图 5－8 中 C 点的 X 坐标值）

3. 宏程序编程

1）宏程序中变量的使用

（1）变量的类型。变量分为局部变量、公共变量和系统变量三种。

局部变量为 #1～#33。在本项目的学习中，主要应用局部变量编程。

（2）变量的赋值。变量的赋值方法有两种，即直接赋值和引数赋值。

在主程序中，使用变量直接以等式方式赋值比较直观、灵活，因此对于不需要被不同主程序调用的宏程序来说，常采用在主程序中直接给变量赋值的方法。

　　例：#1＝20

　　　　#2＝2＊#1＋10

（3）变量的运算。B 类宏程序的运算指令类似于数学运算，仍用各种数学符号来表示。常用运算指令如表 5－5 所示。

表 5－5　常用运算指令

功能	格式	备注与示范
定义、转换	#i＝#j	#10＝#1，#20＝5
加	#i＝#j＋#k	#10＝#1＋#2
减	#i＝#j－#k	#10＝100－#2
乘	#i＝#j＊#k	#10＝2＊#1，#10＝#1＊#1

功能	格式	备注与示范
除	#i＝#j/#k	#10＝#1/2
正弦(度)	#i＝SIN[#j]	#10＝SIN[#2]
反正弦(度)	#i＝ASIN[#j]	
余弦(度)	#i＝COS[#j]	
正切(度)	#i＝TAN[#j]	
平方根	#i＝SQRT[#j]	#10＝SQRT[1－#1*#1/100]
绝对值	#i＝ABS[#j]	#10＝EXP[#1]
上取整	#i＝FIX[#j]	
下取整	#i＝FUP[#j]	
自然对数	#i＝LN[#j]	
指数函数	#i＝EXP[#j]	

(4)变量的引用。将跟随在数控指令地址符后的数值用变量来代替的过程称为变量的引用。

例：G01 X[10＋2*#1]　Z[#2－30]　F#30

2)控制指令

控制指令起到控制程序流向的作用。

(1)分支语句。

格式一：GOTO n

例：GOTO 100

该例为无条件转移。当执行该程序段时，将无条件转移至 N100 程序段执行。

格式二：IF　[条件表达式]　GOTO n

例：IF　[#1 GT 0.1]　GOTO 100

该例为有条件转移语句。如果条件成立，则转移到 N100 程序段执行；如果条件不成立，则执行下一程序段。条件表达式的种类如表 5-6 所示。

表 5-6　条件表达式的种类

条件	意义	条件	意义
#i EQ #j	等于(＝)	#i NE #j	不等于(≠)
#i GT #j	大于(>)	#i GE #j	大于等于(≥)
#i LT #j	小于(<)	#i LE #j	小于等于(≤)

(2)循环指令。

循环指令格式如下：

WHILE　[条件表达式]DOm(m＝1,2,3…)

　　⋮

ENDm

当条件满足时，就循环执行 WHILE 与 END 之间的程序段；当条件不满足时，就执行 ENDm 的下一个程序段。

例：

♯1＝20	♯1＝20
N10 ♯1＝♯1－0.1	WHILE［♯1 GT 0］DO1
♯2＝10 ＊ SQRT［1－♯1 ＊ ♯1/400］	♯1＝♯1－0.1
G01 X［10＋2 ＊ ♯2］Z［♯1－20］	♯2＝10 ＊ SQRT［1－♯1 ＊ ♯1/400］
IF［♯1 GT 0］GOTO 10	G01 X［10＋2 ＊ ♯2］Z［♯1－20］
	END1

【任务实施】

一、工件装夹

工件毛坯圆柱表面用三爪自定心卡盘装夹，伸出卡爪长度 45 mm 左右，校正并夹紧。加工完成后，卸下工件。

二、参数设定

1. 工件零点设置

根据图样分析，工件零点设在工件中心线与右端面的交点处。

2. 刀具补偿值的确定

安装刀具进行对刀，测量并输入刀具补偿值。

三、程序输入

1. 程序编制

(1) 加工及进退刀路径设计。

(2) 数学处理及基点的计算。

2. 工件的加工参考程序(以第一批尺寸为例编程)

工件的加工参考程序如表 5-7 所示。

表 5-7 工件的加工参考程序

程序段号	程序	说明
	O1001	程序名
N010	S600 M03	主轴正转
N020	T0101	选1号刀，并执行1号刀补
N030	M08	加冷却液
N040	G00 X50 Z2	快速定位

程序段号	程序	说明
N050	G73 U7 R7	
N060	G73 P070 Q160 U0.5 W0 F0.2	
N070	G00 X22	
N080	G02 X26 Z0 R2 F0.1	
N090	#1＝30	
N100	#1＝#1－0.1	外径循环粗加工
N110	#2＝5＊SQRT[1－#1＊#1/30/30]	
N120	G01 X[26＋2＊#2] Z[#1－30]	
N130	IF[#1 GT 0.1] GOTO 100	
N140	G01 X36 Z－30	
N150	Z－40	
N160	G01 X40	
N170	G00 X100 Z100	返回安全换刀点
N180	M00	程序暂停
N190	T0202	换 2 号刀
N200	S1000 M03	主轴正转
N210	G00 X50 Z2	快速定位
N220	G70 P070 Q160	精加工
N230	G00 X100 Z100	返回安全换刀点
N240	M05	主轴停止
N250	M30	程序结束

　　请同学们采用宏程序的循环指令格式写出上列 N090～N130 程序中的内容，并填入表 5－8 中。

表 5－8　N90～N130 的程序

N090		
N100	WHILE	
N110		
N120		
N130		
N140	END1	

四、自动加工

（1）程序校验和动态模拟。

（2）自动加工和刀具补偿值修正。

【任务评价】

先使用合适的量具自检，将自检结果填写到表5-9中的自检部分，再送检，并将送检结果填入检测结果部分，最后检验自己的自检精度。

表5-9　椭圆的加工评分表

序号	考核内容	考核要点	配分	评分标准	自检	检测结果	得分	扣分
1	外圆	ϕd	15	超差 0.01 mm 扣 5分				
2	长度	L	15	超差无分				
3	椭圆轮廓	a, b	20	不符扣 10 分				
4	表面粗糙度	$Ra3.2$	15	降级一处扣 5 分				
5	程序	程序格式规范	10	每错一处扣 2 分				
		程序正确、完整	10	每错一处扣 2 分				
6	安全文明生产	零件装夹、刀具安装规范；合理使用工、量具；规范操作机床；做好设备及工量具的清扫和保养工作	15	每违反一条酌情扣 1～5 分，扣完为止				
配分		100分		总分				
检测				评分				

任务5.2　抛物面的加工

【任务引入】

如图5-10所示，完成如下几项工作：

（1）分析图样，确定零件的加工工艺；

（2）编制零件的加工程序；

（3）设置工件零点参数，测量刀具补偿值，操作机床完成零件的加工；

（4）选择合适的量具，测量零件的精度，并进行零件的质量分析；

（5）培养安全操作机床的良好习惯和提升数控加工的职业情感。

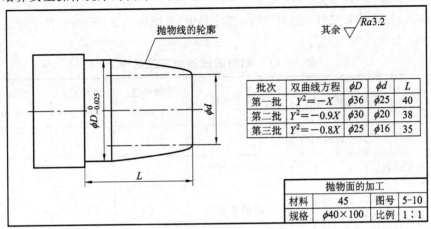

批次	双曲线方程	ϕD	ϕd	L
第一批	$Y^2=-X$	$\phi36$	$\phi25$	40
第二批	$Y^2=-0.9X$	$\phi30$	$\phi20$	38
第三批	$Y^2=-0.8X$	$\phi25$	$\phi16$	35

抛物面的加工			
材料	45	图号	5-10
规格	$\phi40\times100$	比例	1:1

图 5-10　抛物面的加工

【任务分析】

一、零件图分析

在数控车床上加工如图 5-10 所示的轴类零件时，由于一台车床基本不止一位学员，因此安排了三批尺寸，确保每批尺寸不重复。零件材料为 45 钢；为易切钢材，可以选用硬质合金车刀切削加工。该零件结构简单，主要由外圆柱、抛物面和端平面组成，尺寸公差等级达 IT7，可通过车削加工达到要求，且表面粗糙度均为 $Ra3.2$。

二、工艺分析

1. 工件装夹方案的确定

由于这个工件是一个实心轴，并且轴的长度不是很长，故适合用三爪自定心卡盘装夹。为了便于装夹和安全加工，只需将圆钢一端定位夹紧，然后加工另一端露出的部分即可。

2. 量具、刀具和辅具的确定

根据零件图样的加工内容和技术要求，确定量具、刀具和辅具的准备清单如表 5-10 所示。

表 5-10　量具、刀具和辅具的准备清单

类别	序号	名称	规格或型号	精度/mm	数量/台	备注
量具	1	游标卡尺	0～150 mm	0.02	1	
	2	深度游标卡尺	0～150 mm	0.02	1	
	3	外径千分尺	25～50 mm	0.01	1	
刀具	5	外圆粗车刀	90°，副偏角大于等于 10°		1	刀杆和机床匹配
	6	外圆精车刀	90°，副偏角大于等于 35°		1	刀杆和机床匹配
辅具	7	常用工具、辅具			1	
	8	函数计算器			1	

3. 加工方案的定制

加工路线根据"基面先行,先粗后精,工序集中"等原则确定,选择合理的切削用量,定制如表 5 - 11 所示的加工工艺卡。

表 5 - 11　抛物面轴的加工工艺卡

工步	加工内容	选用刀具	主轴转速/ (r/min)	进给量/ (mm/r)	背吃刀量/ mm
	夹住毛坯圆柱表面一端				
1	车端面	外圆粗车刀	800	0.1	0.1~1
2	粗车 ϕd 外圆、抛物面, 直径方向留余量 0.5 mm	外圆粗车刀	500	0.2	2
3	精车 ϕd 外圆、抛物面, 包括未注倒角	外圆精车刀	1000	0.1	0.25
4	去毛刺、检测和校核				
	卸下工件				

三、相关知识

1. 抛物线介绍

抛物线是指平面内到一个定点 F(焦点)和一条定直线 l(准线)距离相等的点的轨迹。它有许多表示方法,例如参数表示、标准方程表示等。抛物线标准方程及图形如表 5 - 12 所示。

抛物线具有许多重要的应用,从抛物面天线或抛物线麦克风到汽车前照灯反射器再到设计弹道导弹。它们经常用于物理、工程和许多其他领域。

表 5 - 12　抛物线标准方程及图形

标准方程	$y^2 = 2px$	$y^2 = -2px$	$x^2 = 2py$	$x^2 = -2py$
图形				

2. 按要求完成以下内容

零件图(见图 5 - 12)中的抛物线轮廓是左侧抛物线图(见图 5 - 11)中的一部分,完成表 5 - 13 和表 5 - 14。

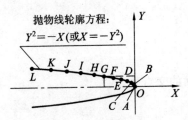

抛物线轮廓方程：
$$Y^2 = -X \text{（或} X = -Y^2\text{）}$$

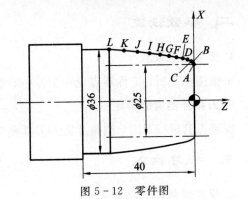

图 5-11　抛物线图

表 5-13　数学几何坐标点

数学几何坐标点		
坐标点	X 坐标值	Y 坐标值
A		
B		
C		
D		
E		
F		
G	−9.0	3.0
H		
I		
J		
K		
L		

从 A 点到 L 点：

X 值从＿＿变化至＿＿，每次变化量为＿＿。

X 值的计算公式为：

＿＿＿＿＿＿＿＿＿。

采用相同的公式计算了 11 次。若 Y 值每次变化量为 0.05，则需计算＿＿个目标点坐标。

图 5-12　零件图

表 5-14　数控编程坐标点

数控编程坐标点		
坐标点	X 坐标值	Y 坐标值
A		
B		
C		
D		
E		
F		
G	31.0	−9
H		
I		
J		
K		
L		

采用宏程序编写：

```
#1＝0,
N10 #1＝#1+0.5
    #2＝−#*#1
    G01  X[25+2*#1]  Z[#2]
    IF[#1 LT 5.5]GOTO 10
```

【任务实施】

一、工件装夹

工件毛坯圆柱表面用三爪自定心卡盘装夹，伸出卡爪长度 45 mm 左右，校正并夹紧。加工完成后，卸下工件。

二、参数设定

1. 工件零点设置

根据图样分析，工件零点设在工件中心线与右端面的交点处。

3. 刀具补偿值的确定

安装刀具进行对刀，测量并输入刀具补偿值。

三、程序输入

1. 程序编制

（1）加工及进退刀路径设计。

（2）数学处理及基点的计算。

2. 工件的加工参考程序（以第一批尺寸为例编程）

工件的加工参考程序如表 5－15 所示。

表 5－15　工件的加工参考程序

程序段号	程　序	说　明
	O1001	程序名
	S500 M03	主轴正转
	T0101	选 1 号刀，并执行 1 号刀补
	M08	加冷却液
	G00 X41 Z2	快速定位
	G73 U7.5 R5	外径循环粗加工
	G73 P10 Q20 U0.5 W0.05 F0.2	
N10	G00 X21	
	G02 X25 Z0 R2 F0.1	
	#1＝0	
N100	#1＝#1＋0.1	
	#2＝－#1＊#1	
	G01 X[25＋2＊#1]　Z[#2]	
	IF[#1 LT 5.4] GOTO 100	
	G01 X36 Z－30.25	
	Z－40	
N20	G01 X40	
	G00 X100 Z100	返回安全换刀点
	M00	程序暂停

程序段号	程　序	说　明
	T0202	换 2 号刀
	S1000 M03	主轴正转
	G00 X41 Z2	快速定位
	G70 P10 Q20	精加工
	G00 X100 Z100	返回安全换刀点
	M05	主轴停止
	M30	程序结束

四、自动加工

(1) 程序校验和动态模拟。

(2) 自动加工和刀具补偿值修正。

【任务评价】

先使用合适的量具自检，将自检结果填写到表 5-16 中的自检部分，再送检，并将送检结果填入检测结果部分，最后检验自己的自检精度。

表 5-16　抛物面的加工评分表

序号	考核内容	考核要点	配分	评分标准	自检	检测结果	得分	扣分
1	外圆	ϕd	15	超差 0.01 mm 扣 5 分				
2	长度	L	15	超差无分				
3	抛物面轮廓	抛物线	20	不符扣 10 分				
4	表面粗糙度	$Ra3.2$	15	降级一处扣 5 分				
5	程序	程序格式规范	10	每错一处扣 2 分				
		程序正确、完整	10	每错一处扣 2 分				
6	安全文明生产	零件装夹、刀具安装规范； 　合理使用工、量具； 规范操作机床； 做好设备及工量具的清扫和保养工作	15	每违反一条酌情扣 1～5 分，扣完为止				
	配分	100 分		总分				
	检测			评分				

项目 6 高级工技能训练

任务 6.1 高级工综合件一的加工

【任务引入】

如图 6-1 所示，完成如下几项工作：

(1) 分析图样，确定零件的加工工艺；

(2) 编制零件的加工程序；

(3) 设置工件零点参数，测量刀具补偿值，操作机床完成零件的加工；

(4) 选择合适的量具，测量零件的精度，并进行零件的质量分析；

(5) 培养安全操作机床的良好习惯和提升数控加工的职业情感。

【任务分析】

一、零件图分析

如图 6-1 所示的零件，毛坯为 $\phi50$ mm×122 mm 的 45 钢，为易切钢材，可以选用硬质合金车刀切削加工。该零件虽为单件，但内容丰富，包含有外圆、台阶、切槽、外螺纹、内孔和椭圆轮廓等，尺寸公差等级达 IT7，表面粗糙度达到 $Ra1.6$，均可通过车削加工达到要求。

二、工艺分析

1. 工件装夹方案的确定

由于这个工件是一个圆形轴，故适合用三爪自定心卡盘装夹。该工件需掉头加工，为了保护已加工表面，掉头装夹前需用薄铜皮等保护装夹表面。

2. 量具、刀具和辅具的确定

根据零件图样的加工内容和技术要求，确定量具、刀具和辅具的准备清单，如表 6-1 所示。

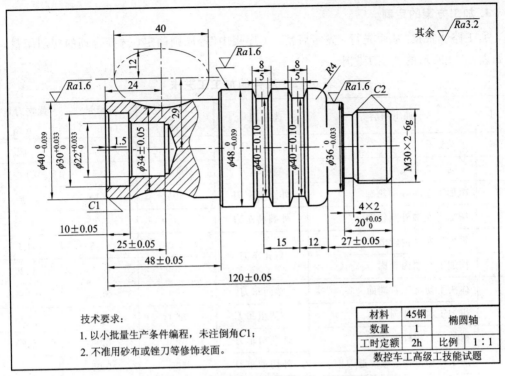

技术要求：
1. 以小批量生产条件编程，未注倒角C1；
2. 不准用砂布或锉刀等修饰表面。

材料	45钢	椭圆轴
数量	1	
工时定额	2h	比例 　1:1
数控车工高级工技能试题		

图 6-1 　数控车工高级工技能试题——椭圆轴的加工

表 6-1 　量具、刀具和辅具的准备清单

类别	序号	名称	规格或型号	精度/mm	数量/台	备注
量具、工具	1	游标卡尺	0～150 mm	0.02	1	
	2	深度游标卡尺	0～150 mm	0.02	1	
	3	外径千分尺	0～25 mm	0.01	1	
	4	外径千分尺	25～50 mm	0.01	1	
	5	螺纹环规	M30×2-6g	0.01	1	
	6	内径百分表	18～35 mm	0.01	1	
	7	磁性表座			1	
	8	杠杆百分表			1	
刀具	9	外圆粗车刀	90°，副偏角大于等于10°		1	刀杆和机床匹配
	10	外圆精车刀	90°，副偏角大于等于35°		1	刀杆和机床匹配
	11	切槽车刀	刀宽4 mm		1	刀杆和机床匹配
	12	外螺纹车刀	三角形螺纹		1	刀杆和机床匹配
	13	内孔车刀	$\phi20$ mm盲孔		1	刀杆和机床匹配
	14	麻花钻	中心钻、$\phi20$ mm		各1	
辅具	15	常用工具、辅具			1	
	16	函数计算器			1	

3. 加工方案的定制

加工路线根据"基面先行,先粗后精,工序集中"等原则确定,选择合理的切削用量,定制如表 6-2 所示的加工工艺卡。

表 6-2 工件的加工工艺卡

工步	加工内容	选用刀具	主轴转速/(r/min)	进给量/(mm/r)	背吃刀量/mm
1	手动钻孔	ϕ20 mm 钻头	250	0.2	10
2	手动加工左端面	端面车刀	800	0.1	0.1~1
3	粗加工左端外圆轮廓	外圆粗车刀	600	0.15	1
4	精加工左端外圆轮廓	外圆精车刀	1500	0.08	0.25
5	粗加工左端内轮廓	盲孔车刀	600	0.15	1.5
6	精加工左端内轮廓		1200	0.06	0.25
7	掉头手动加工右端面	端面车刀	800	0.1	0.1~1
8	粗加工右端外圆轮廓	外圆粗车刀	600	0.15	1.5
9	精加工右端外圆轮廓	外圆精车刀	1500	0.08	0.25
10	加工外梯形槽、螺纹退刀槽	外切槽车刀	500	0.05	4
11	加工外螺纹	外螺纹车刀	600	2	分层
12	工件精度检测				

【任务实施】

一、工件装夹

工件采用三爪自定心卡盘进行定位与装夹。当掉头加工另一端时,为了防止工件的变形和夹伤,装夹前应包铜皮,找正并夹紧,夹紧力要适中。加工完成后,应卸下工件。

二、参数设定

1. 工件零点设置

根据图样分析,工件零点设在工件中心线与端面的交点处。

2. 刀具补偿值的确定

安装刀具进行对刀,测量并输入刀具补偿值。

三、程序输入

1. 程序编制

(1)加工及进退刀路径设计。

(2)数学处理及基点的计算。

2. 工件的加工参考程序

工件的加工参考程序如表 6－3 所示。

表 6－3　工件的加工参考程序

程序段号	程　序	说　明
	O1101	程序名(零件左端外轮廓)
	S600 M03	主轴正转，转速为 600 r/min
	T0101	选择 1 号刀，并执行 1 号刀补
	M08	加冷却液
	G00X50 Z2	快速定位
	G73 U8 R8	外径循环粗加工
	G73 P10 Q20 U0.5 W0.1 F0.15	
N10	G00 X34	
	G01 X40 Z－1 F0.08	
	Z－10.77	
	♯1＝13.2	
N100	♯1＝♯1－0.1	
	♯2＝12＊SQRT[1－♯1＊♯1/20/20]	
	G01 X[58－2＊♯2] Z[♯1－24]	
	IF [♯1 GT－13.2] GOTO 100	
	G01 X40 Z－37.23	
	X46	
	U3 W－1.5	
N20	G01 X50	
	G00 X100 Z100	返回安全换刀点
	M00	程序暂停
	T0202	换 2 号外圆精车刀
	S1500 M03	主轴正转，转速为 1500 r/min
	M08	加冷却液
	G00 X50 Z2	快速定位
	G70 P10 Q20	精加工
	G00 X100 Z100	返回安全换刀点
	M30	程序结束

程序段号	程 序	说 明
	O1201	程序名(零件左端内轮廓)
	S600 M03	主轴正转
	T0303	选择 3 号刀,并执行 3 号刀补
	M08	加冷却液
	G00 X20 Z1	快速定位
	G71 U1.5 R0.5	
	G71 P10 Q20 U−0.5 W0.05 F0.15	
N10	G00 X35	
	G01 X30 Z−1.5 F0.1	
	Z−10	内径循环粗加工
	X22 C1	
	Z−25	
N20	G01 X20	
	G00 X100 Z100	返回安全换刀点
	M00	程序暂停
	T0303	选择镗孔车刀
	S1200 M03	主轴正转
	M08	加冷却液
	G00 X20 Z1	快速定位
	G70 P10 Q20	精加工
	G00 X100 Z100	返回安全换刀点
	M30	程序结束
	O2101	程序名(零件右端外轮廓)
	S600 M03	主轴正转,转速为 600 r/min
	T0101	选择 1 号刀,并执行 1 号刀补
	M08	加冷却液
	G00 X50 Z1	快速定位

续表

程序段号	程 序	说 明
	G71 U1.5 R0.5	
	G71 P10 Q20 U0.5 W0.05 F0.15	
N10	G00 X24	
	G01 X29.8 Z－2 F0.08	
	Z－20.02	
	X36 C1	外径循环粗加工
	Z－27	
	X48 R4	
	Z－72	
N20	G01 X50	
	G00 X100 Z100	返回安全换刀点
	M00	程序暂停
	T0202	换 2 号外圆精车刀
	S1500 M03	主轴正转，转速为 1500 r/min
	M08	加冷却液
	G00 X50 Z1	快速定位
	G70 P10 Q20	精加工
	G00 X100 Z100	返回安全换刀点
	M30	程序结束
	O2301	程序名（零件右端切槽）
	S500 M03	
	T0404	
	M08	
	G00 X32 Z2	
	Z－19	
	G01 X30 Z－20 F0.1	
	X25.95 F0.05	
	X30	螺纹退刀槽
	W2	
	X25.95 Z－20	
	X30	
	G00 Z－19	

程序段号	程　序	说　明
	X50	右端右侧梯形槽
	Z－41	
	G01 X40 F0.10	
	G00 X50	
	Z－43.38	
	G01 X40 Z－41.5 F0.05	
	G00 X50	
	Z－48.62	
	G01 X40 Z－40.5 F0.05	
	Z－41.5	
	G00 X50	
	Z［－41－15］	右端左侧梯形槽
	G01 X40 F0.10	
	G00 X50	
	Z［－43.38－15］	
	G01 X40 Z［－41.5－15］F0.05	
	G00 X50	
	Z［－48.62－15］	
	G01 X40 Z［－40.5－15］F0.05	
	Z［－41.5－15］	
	G00 X50	
	X100 Z100	返回安全换刀点
	M30	程序结束
	O2401	程序名（零件右端螺纹）
	S600 M03	
	T0505	
	M08	
	G00 X40 Z5	
	G92 X29.0 Z－17 F2	车削螺纹，螺距为 2 mm
	X28.5	
	X28.1	
	X27.8	
	X27.6	
	X27.5	
	X27.4	
	G00 X100 Z100	返回安全换刀点
	M30	程序结束

四、自动加工

（1）程序校验和动态模拟。

（2）自动加工和刀具补偿值修正。

【任务评价】

先使用合适的量具自检，将自检结果填写到表 6-4 中的自检部分，再送检，并将送检结果填入检测结果部分，最后检验自己的自检精度。

表 6-4　工件加工评分表

考核项目		考核要求	配分	评分标准	自检	检测结果	得分
外圆与内孔	1	$\phi48_{-0.039}^{0}$，$Ra1.6$	6/2	超差 0.01 mm，扣 2 分，降级不得分			
	2	$\phi36_{-0.033}^{0}$，$Ra1.6$	6/2	超差 0.01 mm 扣 2 分，降级不得分			
	3	$\phi40_{-0.039}^{0}$，$Ra3.2$	6/2	超差 0.01 mm 扣 2 分，降级不得分			
	4	$\phi34\pm0.05$，$Ra1.6$	5/2	超差 0.01 mm 扣 2 分，降级不得分			
	5	$\phi40\pm0.1$，$Ra1.6$	5/2	超差 0.01 mm 扣 2 分，降级不得分			
	6	$\phi30_{0}^{+0.003}$，$Ra1.6$	6/2	超差 0.01 mm 扣 2 分，降级不得分			
	7	$\phi22_{0}^{+0.003}$，$Ra1.6$	6/2	超差 0.01 mm 扣 2 分，降级不得分			
螺纹	8	螺纹大径，$Ra3.2$	1/1	超差不得分			
	9	螺纹中径，$Ra3.2$	6/2	超差不得分			
圆弧	10	$R4$，$Ra1.6$	2/1	超差不得分			
长度	11	10 ± 0.05	2	超差不得分			
	12	120 ± 0.05	2	超差不得分			
	13	27 ± 0.05	2	超差不得分			
	14	$20_{0}^{+0.05}$	3	超差不得分			
	15	48 ± 0.05	2	超差不得分			
	16	25 ± 0.05	2	超差不得分			
其他项目	17	倒角 2—C2	2	超差不得分			
	18	梯形槽 8×ϕ（40±0.1），$Ra3.2$	3/2	超差不得分			
	19	槽 4×2，$Ra3.2$	2/2	超差不得分			
	20	倒角（每处 1 分）	4	不符不得分			
	21	椭圆轮廓度	5	不符不得分			
总配分			100	总得分			

任务 6.2   高级工综合件二的加工

【任务引入】

如图 6-2 所示，完成如下几项工作：

(1) 分析图样，确定零件的加工工艺；

(2) 编制零件的加工程序；

(3) 设置工件零点参数，测量刀具补偿值，操作机床完成零件的加工；

(4) 选择合适量具，测量零件的精度，并进行零件的质量分析；

(5) 培养安全操作机床的良好习惯和提升数控加工的职业情感。

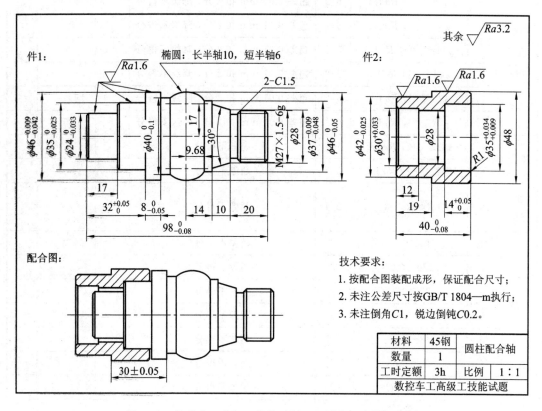

图 6-2   数控车工高级工技能试题——圆柱配合轴的加工

【任务分析】

一、零件图分析

如图 6-2 所示工件，毛坯为 $\phi50$ mm×100 mm 和 $\phi50$ mm×42 mm 的 45 钢。该零件包含有外圆、台阶、切槽、外螺纹、内孔、椭圆轮廓及内外圆柱面配合等，主要尺寸公差等级达 IT7，表面粗糙度达到 $Ra1.6$，均可通过车削加工达到要求。

为了保证相互配合，必须有合理的工艺要求。在加工过程中，配合轴尺寸应向下偏差（−0.025）靠，配合孔尺寸应向上偏差（+0.034）靠，这样便于孔轴的相配。

二、工艺分析

1. 工件装夹方案的确定

工件采用三爪自定心卡盘进行定位与装夹，且长度适中，三爪卡盘直接装夹即可。

2. 量具、刀具和辅具的确定

根据零件图样的加工内容和技术要求，确定量具、刀具和辅具的准备清单，如表 6−5 所示。

表 6−5　量具、刀具和辅具的准备清单

类别	序号	名称	规格或型号	精度/mm	数量/台	备注
量具、工具	1	游标卡尺	0～150 mm	0.02	1	
	2	深度游标卡尺	0～150 mm	0.02	1	
	3	外径千分尺	0～25 mm	0.01	1	
	4	外径千分尺	25～50 mm	0.01	1	
	5	螺纹环规	M27×1.5 − 5g	0.01	1	
	6	内径百分表	18～35 mm	0.01	1	
	7	磁性表座			1	
	8	杠杆百分表		0.01	1	
刀具	9	外圆粗车刀	90°，副偏角大于等于 10°		1	刀杆和机床匹配
	10	外圆精车刀	90°，副偏角大于等于 35°		1	刀杆和机床匹配
	11	切槽车刀	刀宽 4 mm		1	刀杆和机床匹配
	12	外螺纹车刀	三角形螺纹		1	刀杆和机床匹配
	13	内孔车刀	$\phi20$ mm 盲孔		1	刀杆和机床匹配
	14	麻花钻	中心钻、$\phi20$ mm		各 1	
辅具	15	常用工具、辅具			1	
	16	函数计算器			1	

3. 加工方案的定制

加工路线根据"基面先行，先粗后精，工序集中"等原则确定，选择合理的切削用量，定制如表 6−6 所示的加工工艺卡。

表 6-6　工件的加工工艺卡

工步	加工内容	选用刀具	主轴转速/ (r/min)	进给量/ (mm/r)	背吃刀量/ mm
	（加工件 1）				
1	手动加工左端面	外圆粗车刀	800	0.1	0.1～1
2	粗加工左端外轮廓	外圆粗车刀	600	0.15	1.5
3	精加工左端外轮廓	外圆精车刀	1500	0.06	0.25
4	掉头找正，手动加工右端面	外圆粗车刀	800	0.1	0.1～1
5	粗加工右端外轮廓	外圆粗车刀	600	0.15	1.5
6	精加工右端外轮廓	外圆精车刀	1500	0.06	0.25
7	加工螺纹退刀槽	外切槽车刀	500	0.1	4
8	加工外螺纹	外螺纹车刀	600	1.5	分层
	（加工件 2）				
9	手动加工左端面	外圆粗车刀	800	0.1	0.1～1
10	打中心孔，钻孔				
11	粗加工左端外轮廓	外圆粗车刀	600	0.15	1.5
12	精加工左端外轮廓	外圆精车刀	1500	0.06	0.25
13	粗加工左端内轮廓	盲孔车刀	600	0.15	1.5
14	精加工左端内轮廓		1200	0.06	0.25
15	掉头找正，手动加工右端面	外圆粗车刀	800	0.1	0.1～1
16	粗加工右端外轮廓	外圆粗车刀	600	0.15	1.5
17	精加工右端外轮廓	外圆精车刀	1500	0.06	0.25
18	粗加工右端内轮廓	盲孔车刀	600	0.15	1.5
19	精加工右端内轮廓		1200	0.06	0.25
20	工件精度检测				

【任务实施】

一、工件装夹

工件采用三爪自定心卡盘进行定位与装夹。当掉头加工另一端时，为了防止工件的变形和夹伤，装夹前应包铜皮，找正并夹紧，夹紧力要适中。加工完成后，应卸下工件。

二、参数设定

1. 工件零点设置

根据图样分析，工件零点设在工件中心线与端面的交点处。

2. 刀具补偿值的确定

安装刀具进行对刀，测量并输入刀具补偿值。

三、程序输入

1. 程序编制

(1) 加工及进退刀路径设计。

(2) 数学处理及基点的计算。

2. 工件的加工参考程序

工件的加工参考程序如表 6 - 7 所示。

表 6 - 7　工件的加工参考程序

程序	
O1101(件 1 左端外轮廓)	
S600 M03	Z−43
T0101	N20 G01 X50
M08	G00 X100 Z100
G00 X50 Z2	M00
G71 U1.5 R1	T0202
G71 P10 Q20 U0.5 W0.1 F0.15	S1500 M03
N10 G00 X18	M08
G01 X24 Z−1 F0.08	G00 X50 Z2
Z−17	G70 P10 Q20
X35 C1	G00 X100 Z100
Z−32.02	M30
X45.99 C0.5	
O2101(件 1 右端外轮廓)	
S600 M03	G01 X[34+2 * #2] Z[#1−44]
T0101	IF [#1 GT −8.5] GOTO 100
M08	G01 X39.98 Z−52.66
G00 X60 Z2	Z−58
G73 U12 W0 R12	X45
G73 P10 Q20 U0.5 W0.05 F0.15	U3 W−1.5
N10 G00 X20	N20 G01 X50
G01 X26.8 Z−1.5 F0.06	G00 X100 Z100
Z−20	M00
X28 C0.3	T0202

Z-30 A165	S1500 M03
X36.99 C0.5	M08
Z-34.32	G00 X60 Z2
#1=9.6	G70 P10 Q20
N100 #1=#1-0.1	G00 X100 Z100
#2=6*SQRT[1-#1*#1/100]	M30
O2301(件1右端退刀槽)	O2401(件1右端外螺纹)
S500 M03	S600 M03
T0404	T0505
M08	M08
G00 X30 Z2	G00 X40 Z5
Z-20	G92 X26.2 Z-17 F1.5
G01 X22.95 F0.05	X25.8
X28	X25.5
W2	X25.3
X24 Z-20	X25.2
G00 X30	X25.1
X100 Z100	G00 X100 Z100
M30	M30
O3101(件2左端外轮廓)	
S600 M03	N20G01 X50
T0101	G00 X100 Z100
M08	M00
G00 X50 Z2	T0202
G71 U1.5 R1	S1500 M03
G71 P10 Q20 U0.5 W0.1 F0.15	M08
N10 G00 X36	G00 X50 Z2
G01 X42 Z-1 F0.08	G70 P10 Q20
Z-19	G00 X100 Z100
X47	M30
U2 W-1	

续表

O3201（件 2 左端内轮廓）	
S600 M03	N20 G01 X20
T0303	G00 X100 Z100
M08	M00
G00 X20 Z2	T0303
G71 U1.5 R0.5	S1200 M03
G71 P10 Q20 U−0.5 W0.05 F0.15	M08
N10 G00 X36	G00 X20 Z2
G01 X30 Z−1 F0.08	G70 P10 Q20
G01 Z−12	G00 X100 Z100
G01 X28 C0.5	M30
Z−28	

O4101（件 2 右端外轮廓）	
S600 M03	G00 X100 Z100
T0101	M00
M08	T0202
G00 X50 Z2	S1500 M03
G71 U1.5 R1	M08
G71 P10 Q20 U0.5 W0.05 F0.15	G00 X50 Z2
N10 G00 X42	G70 P10 Q20
G01 X48 Z−1 F0.08	G00 X100 Z100
Z−21	M30
N20 G01 X50	

O4201（件 2 右端内轮廓）	
S600 M03	U−3 W−1.5
T0303	N20G01 X20
M08	G00 X100 Z100
G00 X20 Z2	M00
G71 U1.5 R0.5	T0303
G71 P10 Q20 U−0.5 W0.05 F0.15	S1200 M03

续表

N10G00 X41.01	M08
G03 X37.01 Z0 R2F0.08	G00 X20 Z2
G02 X35.01 Z－1 R1	G70 P10 Q20
G01 Z－14.02	G00 X150 Z150
X29	M30

四、自动加工

（1）程序校验和动态模拟。

（2）自动加工和刀具补偿值修正。

【任务评价】

先使用合适的量具自检，将自检结果填写到表6-8中的自检部分，再送检，并将送检结果填入检测结果部分，最后检验自己的自检精度。

表6-8 工件加工评分表

序号	项目		考核内容	配分	评分标准	自检	检测结果	得分	扣分
1	配合		装配成形	2	不能装配不得分				
			30 ± 0.05	6	超差不得分				
2	件1	外圆	$\phi46_{-0.042}^{-0.009}$	6	超差不得分				
			$\phi24_{-0.033}^{0}$	6	超差不得分				
			$\phi37_{-0.048}^{-0.009}$	4	超差不得分				
			$\phi35_{-0.025}^{0}$	6	超差不得分				
			$\phi46_{-0.05}^{0}$	4	超差不得分				
			$\phi40_{-0.1}^{0}$	2	超差不得分				
		长度	$98_{-0.08}^{0}$	2	超差不得分				
			$32_{0}^{+0.05}$	4	超差不得分				
			$8_{-0.05}^{0}$	6	超差不得分				
		其他	椭圆轮廓	6	不符不得分				
			$M27\times1.5-6g$	6	超差不得分				
			30°圆锥	3	超差不得分				
			$Ra1.6$(3处)	3	降级1处扣1分				
			$Ra3.2$(4处)	2	降级1处扣0.5分				
			倒角、锐角倒钝	2	1处不符扣1分				

序号	项目		考核内容	配分	评分标准	自检	检测结果	得分	扣分
3	件2	外圆	$\phi 42_{-0.025}^{0}$	6	超差不得分				
		内孔	$\phi 30_{0}^{+0.033}$	4	超差不得分				
			$\phi 35_{+0.009}^{+0.034}$	6	超差不得分				
		长度	$40_{-0.08}^{0}$	3	超差不得分				
			$14_{0}^{+0.05}$	4	超差不得分				
		其他	$Ra1.6$(2 处)	2	降级 1 处扣 1 分				
			倒角、R1、锐边倒钝	3	1 处不符扣 1 分				
4	一般尺寸		未注公差尺寸	2	超差 1 处扣 0.5 分				
5	安全文明生产		零件装夹、刀具安装和加工工艺正确	0	1 处不合理扣 2 分				
			机床操作正确	0	操作不规范扣 2~5 分				
			保养机床和量具正确	0	没有保养扣 2~5 分				
配分				100	总 得 分				

任务 6.3 高级工综合件三的加工

【任务引入】

如图 6-3 所示，完成如下几项工作：

(1) 分析图样，确定零件的加工工艺；

(2) 编制零件的加工程序；

(3) 设置工件零点参数，测量刀具补偿值，操作机床完成零件的加工；

(4) 选择合适的量具，测量零件的精度，并进行零件的质量分析；

(5) 培养安全操作机床的良好习惯和提升数控加工的职业情感。

【任务分析】

一、零件图分析

如图 6-3 所示工件，毛坯为 $\phi 5 \text{ mm} \times 100 \text{ mm}$ 和 $\phi 50 \text{ mm} \times 42 \text{ mm}$ 的 45 钢。该零件包含有外圆、台阶、切槽、外螺纹、内孔、椭圆轮廓及内外圆锥面配合等，主要尺寸公差等

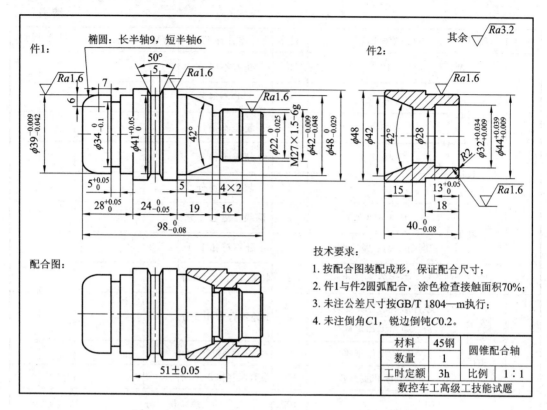

图 6-3　数控车工高级工技能试题——圆锥配合轴的加工

级达 IT7，表面粗糙度达到 $Ra1.6$，均可通过车削加工达到要求。

　　为了保证工件配合后的精度，内外圆锥面的尺寸及锥度要精确，而为了提高加工所用车刀的刀尖强度，降低表面粗糙度，常在刀尖处刃磨（加工），将其加工成圆弧过渡刃。由于该圆弧刃的存在，使得在加工圆锥和圆弧面时，会产生欠切或过切的现象，从而产生加工误差。因此，必须采用刀尖圆弧半径补偿功能。

二、工艺分析

1. 工件装夹方案的确定

　　工件采用三爪自定心卡盘进行定位与装夹，且长度适中，三爪卡盘直接装夹即可。

2. 刀尖圆弧半径补偿功能的应用

　　件 1、件 2 的两端分别包含有椭圆、圆锥、圆弧等非圆柱面轮廓，为了提高加工精度，加工内、外轮廓均采用刀尖圆弧半径补偿功能。

3. 量具、刀具和辅具的确定

　　根据零件图样的加工内容和技术要求，确定量具、刀具和辅具的准备清单，如表 6-9 所示。

表 6 - 9　量具、刀具和辅具的准备清单

类别	序号	名称	规格或型号	精度/mm	数量/台	备注
量具、工具	1	游标卡尺	0～150 mm	0.02	1	
	2	深度游标卡尺	0～150 mm	0.02	1	
	3	外径千分尺	0～25 mm	0.01	1	
	4	外径千分尺	25～50 mm	0.01	1	
	5	螺纹环规	M27×1.5 - 5g	0.01	1	
	6	内径百分表	18～35 mm	0.01	1	
	7	磁性表座			1	
	8	杠杆百分表			1	
刀具	9	外圆粗车刀	90°，副偏角大于等于 10°		1	刀杆和机床匹配
	10	外圆精车刀	90°，副偏角大于等于 35°		1	刀杆和机床匹配
	11	切槽车刀	刀宽 4 mm		1	刀杆和机床匹配
	12	外螺纹车刀	三角形螺纹		1	刀杆和机床匹配
	13	内孔车刀	ϕ20 mm 盲孔		1	刀杆和机床匹配
	14	麻花钻	中心钻、ϕ20 mm		各 1	
辅具	15	常用工具、辅具			1	
	16	函数计算器			1	

4. 加工方案的定制

加工路线根据"基面先行，先粗后精，工序集中"等原则确定，选择合理的切削用量，定制如表 6 - 10 所示的加工工艺卡。

表 6 - 10　工件的加工工艺卡

工步	加工内容	选用刀具	主轴转速/(r/min)	进给量/(mm/r)	背吃刀量/mm
	（加工件 1）				
1	手动加工左端面	外圆粗车刀	800	0.1	0.1～1
2	粗加工左端外轮廓	外圆粗车刀	600	0.15	1.5
3	精加工左端外轮廓	外圆精车刀	1500	0.06	0.25
4	加工直槽、梯形槽	外切槽车刀	500	0.1	4
5	掉头找正，手动加工右端面	外圆粗车刀	800	0.1	0.1～1
6	粗加工右端外轮廓	外圆粗车刀	600	0.15	1.5
7	精加工右端外轮廓	外圆精车刀	1500	0.06	0.25

续表

工步	加工内容	选用刀具	主轴转速/ (r/min)	进给量/ (mm/r)	背吃刀量/ mm
8	加工螺纹退刀槽	外切槽车刀	500	0.1	4
9	加工外螺纹	外螺纹车刀	600	2	分层
	（加工件 2）				
10	手动钻孔	$\phi20$ mm钻头	250	0.2	10
11	手动加工右端面	外圆粗车刀	800	0.1	0.1~1
12	粗加工右端外轮廓	外圆粗车刀	600	0.15	1.5
13	精加工右端外轮廓	外圆精车刀	1500	0.06	0.25
14	粗加工右端内轮廓	盲孔车刀	600	0.15	1.5
15	精加工右端内轮廓		1200	0.06	0.25
16	掉头找正，手动加工左端面	外圆粗车刀	800	0.1	0.1~1
17	粗加工左端外轮廓	外圆粗车刀	600	0.15	1.5
18	精加工左端外轮廓	外圆精车刀	1500	0.06	0.25
19	粗加工左端内轮廓	盲孔车刀	600	0.15	1.5
20	精加工左端内轮廓		1200	0.06	0.25
21	工件精度检测				

三、相关知识

1. 假想刀尖与刀尖圆弧半径

在实际加工中，为了提高刀具的使用寿命，降低加工工件的表面粗糙度，常将车刀的刀尖修磨成半径较小的圆弧（一般圆弧半径 R 在 0.2~1.6 mm 之间）。由于车刀的刀尖处小圆弧的存在，所以以往对刀刀尖的位置是一个假想刀尖 A。

所谓刀尖圆弧半径，是指车刀刀尖圆弧所构成的假想圆半径（图 6-4 中的 r）。实践中，所有车刀均有大小不等或近似的刀尖圆弧，假想刀尖在实际加工中是不存在的。

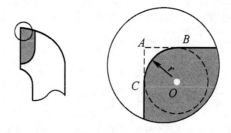

图 6-4 假想刀尖与刀尖圆弧半径

零件程序设计时，是按假想刀尖轨迹程序设计的，即工件轮廓与假想刀尖 A 重合，车削内外圆柱、端面时无误差产生，实际切削刃的轨迹与工件轮廓轨迹一致。但是，车削锥面和圆弧面时，实际起作用的切削刃却是圆弧与工件轮廓的各切点，这样就引起加工表面形状误差，若工件精度要求不高或留有精加工余量，可忽略此误差，否则应考虑刀尖圆弧半径对工件形状的影响。未使用刀尖圆弧半径补偿功能时的误差分析如图6-5所示。

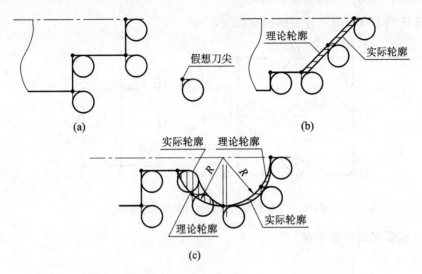

图 6-5　未使用刀尖圆弧半径补偿功能时的误差分析

2. 刀尖圆弧半径补偿的定义

为保证工件轮廓形状精度，不能采用假想刀尖作为刀位点（对刀点），这时应选取刀尖圆弧的圆心为刀位点。但若以刀尖圆弧的圆心作为刀位点（对刀点）进行对刀，刀尖圆弧中心轨迹按零件轮廓进行程序设计，则将多车削一个刀尖圆弧半径的切削量。为确保工件轮廓形状正确，刀尖圆弧中心轨迹应偏移工件轮廓一个半径值，这种偏移称为刀尖圆弧半径补偿。圆弧形车刀的刀刃半径偏移也与其相同。

采用刀尖半径补偿功能后，程序设计者仍按工件轮廓程序设计。数控系统计算刀尖轨迹，并按刀尖轨迹运动，从而消除了刀尖圆弧半径对工件形状的影响。

综合以上分析，对于带有圆弧刀刃的车刀来说，加工时有以下两种情况：

（1）若采用常规方法对刀，按零件轮廓进行程序设计，则对外圆直径、台阶长度尺寸无影响；但对圆锥、圆弧轮廓会产生误差，且误差无规律。

（2）若采用刀尖圆弧中心点对刀，按零件轮廓进行程序设计，则所有轮廓均被多车削掉一个刀尖圆弧半径量（单边）。

要想车出完全准确的零件轮廓，需采用刀尖圆弧中心点对刀、按零件轮廓偏移一个刀尖圆弧半径值的轮廓轨迹进行程序设计。但按以上两种方法操作，不仅程序设计复杂、对刀麻烦，且易把零件尺寸车错。

针对上述情况，为了保证零件加工精度且操作方便，可采取如下措施：一是采用刀尖圆弧半径补偿功能编写加工程序；二是采用假想刀尖对刀，并设置假想刀尖方位号。即：

（1）采用刀尖圆弧半径补偿功能后，程序设计者仍按工件轮廓进行程序设计，数控系统补偿一个刀尖圆弧半径。

（2）具有圆弧刀刃的车刀的刀位点是刀尖圆弧的圆心，但对刀时为了操作方便、准确，常采用假想刀尖对刀。也就是，相对于圆弧的圆心，假想刀尖可能在多个方位存在（除了圆心，有8个方位），外圆车刀的假想刀尖处在圆心的左下方，刀尖方位号为3。

3. 圆弧车刀刀具切削沿位置的确定

数控车床的刀具切削沿位置的确定如图6-6所示。

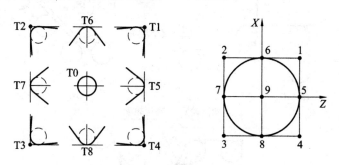

图6-6　数控车床的刀具切削沿位置的确定

4. 刀尖圆弧半径补偿指令

1）指令格式

刀尖圆弧半径补偿指令使用格式如下：

　　G41 G01/G00　X_ Y_ F_　　（刀尖圆弧半径左补偿）

　　G42 G01/G00　X_ Y_ F_　　（刀尖圆弧半径右补偿）

　　G40 G01/G00　X_ Y_ F_　　（取消刀尖圆弧半径补偿）

2）指令说明

程序设计时，刀尖圆弧半径补偿偏置方向的判别如图6-7所示。从 Y 坐标轴的负方向并沿刀具的移动方向看，当刀具处在加工轮廓的左侧时，称为刀尖圆弧半径左补偿，用G41表示；当刀具处在加工轮廓的右侧时，称为刀尖圆弧半径右补偿，用G42表示。

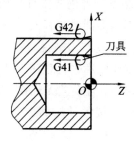

图6-7　刀尖圆弧半径补偿偏置方向的判别

5. 刀尖圆弧半径补偿的过程

刀尖圆弧半径补偿的过程分为三步：刀补的建立、刀补的执行、刀补的取消。其补偿过程通过图6-8和加工程序O1001共同说明。未采用补偿功能的车刀的运动轨迹如图6-9所示。

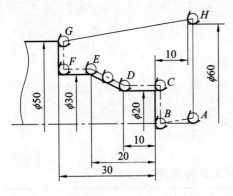

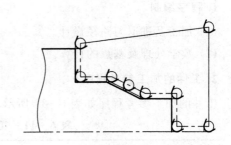

图 6-8　采用补偿功能后的车刀的运动轨迹　　　图 6-9　未采用补偿功能的车刀的运动轨迹

图 6-8 所示补偿过程的加工程序如下：

　　O1001

　　N10 M03 S1000

　　N20 T0101

　　N30 G00 X60 Z10

　　N40　　　X0　Z10

　　N50 G42 G01 X0 Z0 F0.06　　　　　（刀补的建立）

　　N60　　　X20 Z0　　┐

　　N70　　　　　Z-10　│

　　N80　　　X30 Z-20　├　（刀补的执行）

　　N90　　　　　Z-30　┘

　　N100　　　X50

　　N110 G40 G00 X60 Z10　　　　　（刀补的取消）

　　N120　　　X150 Z150

　　N130 M30

【任务实施】

一、工件装夹

工件采用三爪自定心卡盘进行定位与装夹。当掉头加工另一端时，为了防止工件的变形和夹伤，装夹前应包铜皮，找正并夹紧，夹紧力度要适中。加工完成后，应卸下工件。

二、参数设定

1. 工件零点设置

根据图样分析，工件零点设在工件中心线与端面的交点处。

2. 刀具补偿值的确定

安装刀具进行对刀，测量并输入刀具补偿值。

三、程序输入

1. 程序编制

（1）加工及进退刀路径设计。

（2）数学处理及基点的计算。

2. 工件的加工参考程序

工件的加工参考程序如表 6 - 11 所示。

表 6 - 11　工件的加工参考程序

程序	
O1101（件 1 左端外轮廓）	
S600 M03	Z-28.02
T0101　（R:0.4；T:3）	X48 C0.5
M08	Z-55
G00 X60 Z2	N20 G01 X50
G73 U11.5 R12	G40 G00 X100 Z100
G73 P10 Q20 U0.5 W0.1 F0.15	M00
N10 G42 G00 X23	T0202（R:0.4；T:3）
G02 X27 Z0 R2 F0.08	S1500 M03
#1=9	M08
N100 #1=#1-0.1	G42 G00 X60 Z2
#2=6*SQRT[1-#1*#1/81]	G70 P10 Q20
G01 X[27+2*#2] Z[#1-9]	G40 G00 X100 Z100
IF［#1 GT 0.1］GOTO 100	M30
G01 X38.99 Z-9	
O1301（件 1 左端矩形槽、梯形槽）	
S500 M03	Z-20.5
T0404	G00 X50
M08	Z-42
G00 X42 Z2	G01 X41 F0.10
Z-20.5	G00 X50
G01 X34 F0.05	Z-44.6
G00 X40	G01 X39.95 Z-42.5 F0.05
Z-22.02	Z-42

续表

G01 X38 Z－21.02	G00 X50
X33.95	Z－39.4
Z－20.5	G01 X39.95 Z－41.5
G00 X40	Z－42
Z－19	G00 X100
G01 X38 Z－20 F0.05	Z100
X33.95	M30
O2101(件 1 右端外轮廓)	Z－46
S600 M03	X47
T0101 （R:0.4；T:3)	U2 W－1
M08	N20 G01 X50
G00 X50 Z2	G00 X100 Z100
G71 U1.5 R1	M00
G71 P10 Q20 U0.5 W0.05 F0.15	T0202
N10 G42G00 X16	S1500 M03
G01 X22 F0.08	M08
Z－11	G00 X50 Z2
X26.80 Z－12.5	G70 P10 Q20
Z－27	G40 G00 X100 Z100
X31.25 C0.5	M30
X41.99 Z－41	
O2301(件 1 右端退刀槽)	O2401(件 1 右端外螺纹)
S500 M03	S600 M03
T0404	T0505
M08	M08
G00 X30 Z2	G00 X35 Z5
Z－26	G92 X26.0 Z－17 F1.5
G01 X28 Z－27 F0.1	X25.6
X22.95 F0.05	X25.3
X28	X25.2

W2	X25.1
X24 Z－27	G00 X100 Z100
X28	M30
G00 Z－26	
X100	
Z100	
M30	
O3101(件2右端外轮廓)	
S600 M03	G40 G00 X100 Z100
T0101 （R:0.4；T:3)	M00
M08	T0202
G00 X50 Z2	S1500 M03
G71 U1.5 R1	M08
G71 P10 Q20 U0.5 W0.1 F0.15	G00 X50 Z2
N10 G42G00 X38	G70 P10 Q20
G01 X44.04 Z－1 F0.08	G42 G00 X100 Z100
Z－18	M30
X47	
U2 W－1	
N20G01 X50	
O3201(件2右端内轮廓)	
S600 M03	G40 G00 X100 Z100
T0303 （R:0.4；T:2)	M00
M08	T0303
G00 X20 Z2	S1200 M03
G71 U1.5 R0.5	M08
G71 P10 Q20 U－0.5 W0.05 F0.15	G00 X20 Z1
N10 G41G00 X40.01	G70 P10 Q20
G03 X36.01 Z0 R2 F0.08	G40 G00 X100 Z100
G02 X32.01 Z－2 R2	M30

G01 Z－13.02	
X28 C0.5	
Z－28	
N20G01 X20	
O4101（件 2 左端外轮廓）	
S600 M03	G40 G00 X100 Z100
T0101　（R：0.4；T：3）	M00
M08	T0202
G00 X50 Z2	S1500 M03
G71 U1.5 R1	M08
G71 P10 Q20 U0.5 W0.1 F0.15	G00 X55 Z2
N10 G42G00 X42	G70 P10 Q20
G01 X48 Z－1 F0.08	G40 G00 X100 Z100
Z－23	M30
N20G01 X50	
O4201（件 2 左端内轮廓）	
S600 M03	G40 G00 X100 Z100
T0303　（R：0.4；T：2）	M00
M08	T0303
G00 X20 Z2	S1200 M03
G71 U1.5 R0.5	M08
G71 P10 Q20 U－0.5 W0.05 F0.15	G00 X20 Z1
N10 G41G00 X45	G70 P10 Q20
G01 Z0 F0.08	G40 G00 X100 Z100
X42 C0.3	M30
X30.48 Z－15	
X29	
U－3 W－1.5	
N20G01 X20	

四、自动加工

（1）程序校验和动态模拟。

（2）自动加工和刀具补偿值修正。

【任务评价】

先使用合适的量具自检，将自检结果填写到表6－12中的自检部分，再送检，并将送检结论填入检测结果部分，最后检验自己的自检精度。

表 6－12 工件加工评分表

序号	项目		考核内容	配分	评分标准	自检	检测结果	得分	扣分
1	配合		装配成形	1	不能装配不得分				
			接触面积大于70%	4	不符不得分				
			51±0.05	5	超差不得分				
2	件1	外圆	$\phi 39^{-0.009}_{-0.042}$	6	超差不得分				
			$\phi 22^{0}_{-0.025}$	6	超差不得分				
			$\phi 48^{0}_{-0.029}$	4	超差不得分				
			$\phi 42^{-0.009}_{-0.048}$	4	超差不得分				
			$\phi 41^{+0.05}_{0}$	2	超差不得分				
			$\phi 34^{0}_{-0.1}$	2	超差不得分				
		长度	$98^{0}_{-0.08}$	3	超差不得分				
			$28^{+0.05}_{0}$	4	超差不得分				
			$24^{0}_{-0.05}$	5	超差不得分				
		其他	椭圆轮廓	6	不符不得分				
			M27×1.5－6g	6	超差不得分				
			5、50°	3	超差不得分				
			槽宽$5^{+0.05}_{0}$	3	超差不得分				
			$Ra1.6$(3处)	3	降级1处扣1分				
			$Ra3.2$(4处)	2	降级1处扣0.5分				
			倒角、锐角倒钝	4	1处不符扣1分				

续表

序号	项目	考核内容		配分	评分标准	自检	检测结果	得分	扣分
3	件2	外圆	$\phi44^{+0.039}_{+0.009}$	6	超差不得分				
		内孔	$\phi32^{+0.034}_{+0.009}$	7	超差不得分				
		长度	$40^{\ 0}_{-0.08}$	3	超差不得分				
			$13^{+0.05}_{\ 0}$	4	超差不得分				
		其他	$Ra1.6$(2处)	2	降级1处扣1分				
			倒角、R2、锐边倒钝	3	1处不符扣1分				
4	一般尺寸	未注公差尺寸		2	超差1处扣0.5分				
5	安全文明生产	零件装夹、刀具安装和加工工艺正确		0	1处不合理扣2分				
		机床操作正确		0	操作不规范扣2~5分				
		保养机床和量具正确		0	没有保养扣2~5分				
	配分			100	总　得　分				

任务6.4　高级工综合件四的加工

【任务引入】

如图6-10所示，完成如下几项工作：

(1) 分析图样，确定零件的加工工艺；

(2) 编制零件的加工程序；

(3) 设置工件零点参数，测量刀具补偿值，操作机床完成零件的加工；

(4) 选择合适的量具，测量零件的精度，并进行零件的质量分析；

(5) 培养安全操作机床的良好习惯和提升数控加工的职业情感。

【任务分析】

一、零件图分析

如图6-10所示工件，毛坯为$\phi50$ mm×100 mm和$\phi50$ mm×42 mm的45钢。该零件包含有外圆、台阶、切槽、外螺纹、内孔、椭圆轮廓及内外圆弧面配合等，主要尺寸公差

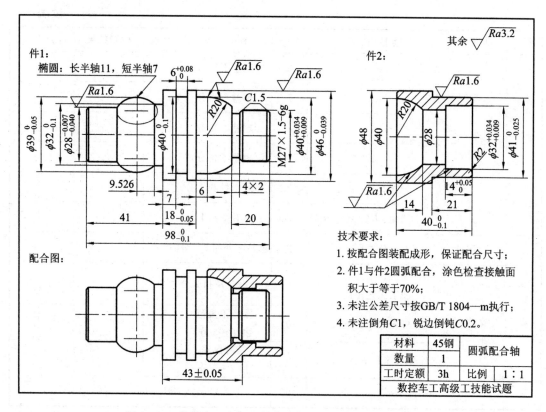

图 6-10 数控车工高级工技能试题——圆弧配合轴的加工

等级达 IT7，表面粗糙度达到 $Ra1.6$，均可通过车削加工达到要求。

为了保证工件的配合精度，内外圆弧面的尺寸及圆度要精确。因此，必须采用刀尖圆弧半径补偿功能。

二、工艺分析

1. 工件装夹方案的确定

工件采用三爪自定心卡盘进行定位与装夹，且长度适中，三爪卡盘直接装夹即可。

2. 刀尖圆弧半径补偿功能的应用

件 1、件 2 的两端分别包含有椭圆、圆锥（倒角）、圆弧等非圆柱面轮廓。为了提高加工精度，加工内、外轮廓均采用刀尖圆弧半径补偿功能。

3. 量具、刀具和辅具的确定

根据零件图样的加工内容和技术要求，确定量具、刀具和辅具的准备清单如表 6-13 所示。

表 6 - 13　量具、刀具和辅具的准备清单

类别	序号	名称	规格或型号	精度/mm	数量/台	备注
量具、工具	1	游标卡尺	0～150 mm	0.02	1	
	2	深度游标卡尺	0～150 mm	0.02	1	
	3	外径千分尺	0～25 mm	0.01	1	
	4	外径千分尺	25～50 mm	0.01	1	
	5	螺纹环规	M27×1.5 - 6g	0.01	1	
	6	内径百分表	18～35 mm	0.01	1	
	7	磁性表座			1	
	8	杠杆百分表			1	
刀具	9	外圆粗车刀	90°，副偏角大于等于 10°		1	刀杆和机床匹配
	10	外圆精车刀	90°，副偏角大于等于 35°		1	刀杆和机床匹配
	11	切槽车刀	刀宽 4 mm		1	刀杆和机床匹配
	12	外螺纹车刀	三角形螺纹		1	刀杆和机床匹配
	13	内孔车刀	ϕ20 mm 盲孔		1	刀杆和机床匹配
	14	麻花钻	中心钻、ϕ20 mm		各 1	
辅具	7	常用工具、辅具			1	
	8	函数计算器			1	

4. 加工方案的定制

加工路线根据"基面先行，先粗后精，工序集中"等原则确定，选择合理的切削用量，定制如表 6 - 14 所示的加工工艺卡。

表 6 - 14　圆弧配合轴的加工工艺卡

工步	加工内容	选用刀具	主轴转速/(r/min)	进给量/(mm/r)	背吃刀量/mm
	（加工件 1）				
1	手动加工右端面	外圆粗车刀	800	0.1	0.1～1
2	粗加工右端外轮廓	外圆粗车刀	600	0.15	1.5
3	精加工右端外轮廓	外圆精车刀	1500	0.06	0.25
4	加工直槽、螺纹退刀槽	外切槽车刀	500	0.1	4
5	加工外螺纹	外螺纹车刀	600	2	分层
6	掉头找正，手动加工左端面	外圆粗车刀	800	0.1	0.1～1
7	粗加工左端外轮廓	外圆粗车刀	600	0.15	1.5
8	精加工左端外轮廓	外圆精车刀	1500	0.06	0.25
	（加工件 2）				
9	手动钻孔	ϕ20 mm 钻头	250	0.2	10

续表

工步	加工内容	选用刀具	主轴转速/ (r/min)	进给量/ (mm/r)	背吃刀量/ mm
10	手动加工右端面	外圆粗车刀	800	0.1	0.1~1
11	粗加工右端外轮廓	外圆粗车刀	600	0.15	1.5
12	精加工右端外轮廓	外圆精车刀	1500	0.06	0.25
13	粗加工右端内轮廓	盲孔车刀	600	0.15	1.5
14	精加工右端内轮廓		1200	0.06	0.25
15	掉头找正，手动加工左端面	外圆粗车刀	800	0.1	0.1~1
16	粗加工左端外轮廓	外圆粗车刀	600	0.15	1.5
17	精加工左端外轮廓	外圆精车刀	1500	0.06	0.25
19	粗加工左端内轮廓	盲孔车刀	600	0.15	1.5
20	精加工左端内轮廓		1200	0.06	0.25
21	工件精度检测				

【任务实施】

一、工件装夹

工件采用三爪自定心卡盘进行定位与装夹。当掉头加工另一端时，为了防止工件的变形和夹伤，装夹前应包铜皮，找正并夹紧，夹紧力度要适中。当件 1 掉头夹 $\phi46$ 外圆时，由于所夹外圆长度较短，故工件伸出卡盘距离一定要进行精确测量，防止加工左端时车刀碰卡盘。加工完成后，要卸下工件。

二、参数设定

1. 工件零点设置

根据图样分析，工件零点设在工件中心线与端面的交点处。

2. 刀具补偿值的确定

安装刀具进行对刀，测量并输入刀具补偿值。

三、程序输入

1. 程序编制

（1）加工及进退刀路径设计。

（2）数学处理及基点的计算。

2. 工件的加工参考程序

工件的加工参考程序如表 6 - 15 所示。

表 6-15　工件的加工参考程序

程序	
O1101(件 1 右端外轮廓)	
S600 M03	X46 C0.5
T0101	Z-60
M08	N20 G01 X50
G00 X50 Z2	G40 G00 X100 Z100
G71 U1.5 R1	M00
G71 P10 Q20 U0.5 W0.05 F0.15	T0202
N10 G42 G00 X20	S1500 M03
G01 X26.8 Z-1.5 F0.08	M08
Z-20	G00 X50 Z2
X30.427	G70 P10 Q20
G03 X40.03 Z-33 R20	G40 G00 X100 Z100
Z-39	M30
O1301、O1401(件 1 右端退刀槽、矩形槽、外螺纹略)	
O2101(件 1 左端外轮廓)	
S600 M03	G01 X31.98 Z-36.526
T0202	Z-41
M08	X45
G00 X60 Z2	U2 W-1
G73 U11 W0 R11	N20 G01 X50
G73 P10 Q20 U0.5 W0.1 F0.15	G40 G00 X100 Z100
N10 G42 G00 X22	M00
G01 X27.99 Z-1 F0.08	T0202
Z-16.26	S1500 M03
#1=10.5	M08
N100 #1=#1-0.1	G00 X60 Z2
#2=7*SQRT[1-#1*#1/121]	G70 P10 Q20
G01 X[25+2*#2] Z[#1-27]	G40 G00 X100 Z100
IF [#1 GT -9.3] GOTO 100	M30

O3101（件 2 右端外轮廓）	
S600 M03	G40 G00 X100 Z100
T0101	M00
M08	T0202
G00 X50 Z2	S1500 M03
G71 U1.5 R1	M08
G71 P10 Q20 U0.5 W0.1 F0.15	G00 X50 Z2
N10 G42 G00 X35	G70 P10 Q20
G01 X41 Z−1 F0.08	G40 G00 X100 Z100
Z−21	M30
X47	
U2 W−1	
N20 G01 X50	

O3201（件 2 右端内轮廓）	
S600 M03	Z−28
T0303	N20 G01 X20
M08	G40 G00 X100 Z100
G00 X20 Z2	M00
G71 U1.5 R0.5	T0303
G71 P10 Q20 U−0.5 W0.05 F0.15	S1200 M03
N10 G41 G00 X40.01	M08
G03 X36.01 Z0 R2 F0.08	G00 X20 Z1
G02 X32.01 Z−2 R2	G70 P10 Q20
G01 Z−14.02	G40 G00 X100 Z100
X28 C0.5	M30

O4101（件 2 左端外轮廓）	
S600 M03	G40 G00 X100 Z100
T0101	M00
M08	T0202

续表

G00 X50 Z2	S1500 M03
G71 U1.5 R1	M08
G71 P10 Q20 U0.5 W0.1 F0.15	G00 X55 Z2
N10 G42 G00 X42	G70 P10 Q20
G01 X48 Z−1 F0.08	G40 G00 X100 Z100
Z−20	M30
N20 G01 X50	
O4201（件 2 左端内轮廓）	
S600 M03	G40 G00 X100 Z100
T0303	M00
M08	T0303
G00 X20 Z2	S1200 M03
G71 U1.5 R0.5	M08
G71 P10 Q20 U−0.5 W0.05 F0.15	G00 X20 Z2
N10 G41G00 X40	G70 P10 Q20
G01 Z0 F0.08	G40 G00 X100 Z100
G03 X24 Z−16 R20	M30
N20G01 X20	

四、自动加工

（1）程序校验和动态模拟。

（2）自动加工和刀具补偿值修正。

【任务评价】

先使用合适的量具自检，将自检结果填写到表 6−16 中的自检部分，再送检，并将送检结论填入检测结果部分，最后检验自己的自检精度。

表 6−16　工件加工评分表

序号	项目	考核内容	配分	评分标准	自检	检测结果	得分	扣分
1	配合	装配成形	1	不能装配不得分				
		接触面积大于 70%	4	不符不得分				
		43±0.05	5	超差不得分				

续表

序号	项目		考核内容	配分	评分标准	自检	检测结果	得分	扣分
2	件1	外圆	$\phi 46_{-0.039}^{0}$	5	超差不得分				
			$\phi 40_{+0.009}^{+0.034}$	7	超差不得分				
			$\phi 39_{-0.05}^{0}$	4	超差不得分				
			$\phi 28_{-0.040}^{-0.007}$	6	超差不得分				
			$\phi 40_{-0.1}^{0}$	2	超差不得分				
			$\phi 32_{-0.1}^{0}$	2	超差不得分				
		长度	$98_{-0.1}^{0}$	2	超差不得分				
			$18_{-0.05}^{0}$	5	超差不得分				
			未注公差长度	3	超差1处扣1分				
		其他	椭圆轮廓	6	不符不得分				
			M27×1.5 - 6g	6	超差不得分				
			R20	2	超差不得分				
			槽宽 $6_{0}^{+0.08}$	4	超差不得分				
			$Ra1.6$(4处)	6	降级1处扣1分				
			$Ra3.2$(4处)	2	降级1处扣0.5分				
			倒角、锐角倒钝	2	1处不符扣1分				
3	件2	外圆	$\phi 41_{-0.025}^{0}$	7	超差不得分				
		内孔	$\phi 32_{+0.009}^{+0.034}$	8	超差不得分				
		长度	$40_{-0.1}^{0}$	2	超差不得分				
			$14_{0}^{+0.05}$	4	超差不得分				
		其他	$Ra1.6$(3处)	3	降级1处扣1分				
			倒角、R2、锐边倒钝	2	1处不符扣1分				
4	安全文明生产		零件装夹、刀具安装和加工工艺正确	0	1处不合理扣2分				
			机床操作正确	0	操作不规范扣2~5分				
			保养机床和量具正确	0	没有保养扣2~5分				
配分				100	总　得　分				

任务6.5　高级工综合件五的加工

【任务引入】

如图6-11所示，完成如下几项工作：

（1）分析图样，确定零件的加工工艺；

（2）编制零件的加工程序；

（3）设置工件零点参数，测量刀具补偿值，操作机床完成零件的加工；

（4）选择合适的量具，测量零件的精度，并进行零件的质量分析；

（5）培养安全操作机床的良好习惯和提升数控加工的职业情感。

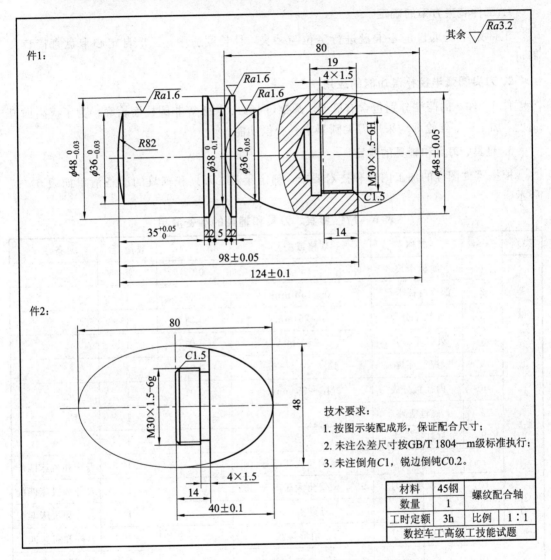

图 6-11　数控车工高级工技能试题——螺纹配合轴的加工

【任务分析】

一、零件图分析

如图 6-11 所示工件，毛坯为 ϕ50 mm×100 mm 和 ϕ50 mm×42 mm 的 45 钢。该零件包含有外圆、台阶、切槽、外螺纹、内孔、内沟槽、内螺纹、椭圆轮廓、内外圆柱面和内外螺纹配合等，主要尺寸公差等级达 IT7，表面粗糙度达到 $Ra1.6$，均可通过车削加工达到要求。

为了保证圆弧面、椭圆的尺寸及轮廓精度，采用刀尖圆弧半径补偿功能。

二、工艺分析

1. 工件装夹方案的确定

工件采用三爪自定心卡盘进行定位与装夹，且长度适中，三爪自定心卡盘直接装夹即可。

2. 刀尖圆弧半径补偿功能的应用

件 1、件 2 的两端分别包含有椭圆、圆锥（倒角）、圆弧等非圆柱面轮廓。为了提高加工精度，加工内、外轮廓均采用刀尖圆弧半径补偿功能。

3. 量具、刀具和辅具的确定

根据零件图样的加工内容和技术要求，确定量具、刀具和辅具的准备清单如表 6-17 所示。

表 6-17 量具、刀具和辅具的准备清单

类别	序号	名称	规格或型号	精度/mm	数量/台	备注
量具、工具	1	游标卡尺	0～150 mm	0.02	1	
	2	深度游标卡尺	0～150 mm	0.02	1	
	3	外径千分尺	0～25 mm	0.01	1	
	4	外径千分尺	25～50 mm	0.01	1	
	5	螺纹环规	M30×1.5 - 6g	0.01	1	
	6	内径百分表	18～35 mm	0.01	1	
	7	磁性表座			1	
	8	杠杆百分表			1	
刀具	9	外圆粗车刀	90°，副偏角大于等于 10°		1	刀杆和机床匹配
	10	外圆精车刀	90°，副偏角大于等于 35°		1	刀杆和机床匹配
	11	切槽车刀	刀宽 4 mm		1	刀杆和机床匹配
	12	外螺纹车刀	三角形螺纹		1	刀杆和机床匹配
	13	内孔车刀	ϕ20 mm 盲孔		1	刀杆和机床匹配
	14	麻花钻	中心钻、ϕ20 mm		各 1	
辅具	7	常用工具、辅具			1	
	8	函数计算器			1	

4. 加工方案的定制

加工路线根据"基面先行，先粗后精，工序集中"等原则确定，选择合理的切削用量，定

制如表 6 - 18 所示的加工工艺卡。

表 6 - 18　螺纹配合轴的加工工艺卡

工步	加工内容	选用刀具	主轴转速/ (r/min)	进给量/ (mm/r)	背吃刀量/ mm
	（加工件 2 左端）				
1	手动加工左端面	外圆粗车刀	800	0.1	0.1～1
2	粗加工左端外轮廓	外圆粗车刀	600	0.15	1.5
3	精加工左端外轮廓	外圆精车刀	1500	0.06	0.25
4	加工螺纹退刀槽	切槽车刀	600	0.1	4
5	加工外螺纹	外螺纹车刀	600	2	分层
	（加工件 1 左端）				
6	手动加工左端面	外圆粗车刀	800	0.1	0.1～1
7	粗加工左端外轮廓	外圆粗车刀	600	0.15	1.5
8	精加工左端外轮廓	外圆精车刀	1500	0.06	0.25
9	加工梯形槽	外切槽车刀	500	0.1	4
	（加工件 1 右端内轮廓）				
10	掉头找正，手动钻孔	$\phi20$ mm 钻头	250	0.2	10
11	手动加工右端面	外圆粗车刀	800	0.1	0.1～1
12	粗加工右端内轮廓	外圆粗车刀	600	0.15	1.5
13	精加工右端内轮廓	外圆精车刀	1500	0.06	0.25
14	加工内沟槽	内沟槽车刀	600	0.05	4
15	加工内螺纹	盲孔车刀	600	1.5	分层
	（件 2 左端旋入件 1 右端）				
16	手动加工右端面	外圆粗车刀	800	0.1	0.1～1
17	粗加工右端外轮廓	外圆粗车刀	600	0.15	1.5
	用管子钳旋松件 2				
18	精加工右端外轮廓	外圆精车刀	1500	0.06	0.25
19	工件精度检测				

三、相关知识

车削三角形内螺纹的方法和车削外螺纹的方法基本相同，但进刀、退刀方向正好与车削外螺纹相反。车削内螺纹时，由于刀柄细长、刚性差、切屑不易排出等，因此比车削外螺纹要困难得多。车削内螺纹相对于车削外螺纹，进给切削深度要少、车削刀数增加。

1. 车螺纹前孔径的计算

在车内螺纹前，一般先钻孔、镗孔。由于切削时的挤压作用，内孔直径会缩小，所以车螺纹前孔径略大于小径的基本尺寸。一般按下式计算：

车削塑性金属（如钢材）：$D_孔 = D - P$

车削脆性金属（如铸铁、有色金属）：$D_孔 = D - 1.05P$

例如：$M30 \times 2 - 6H$ 的内螺纹，孔径车至 $\phi 28$ mm。

2. 车削内螺纹的指令

车削内螺纹的指令与外螺纹相同，可采用 G32、G92、G76 等相关指令编程车削。X 向编程由小径尺寸（孔径）分多刀车至大径尺寸。

3. 内螺纹车刀的安装

安装内螺纹车刀时，应使刀尖对准工件中心，同时使两刃夹角中线垂直于工件的轴线。刀杆伸出刀架的长度要适中，一般大于螺纹深度 5～10 mm。

4. 内螺纹的测量

内螺纹采用螺纹塞规（见图 6-12）或相配合的外螺纹检测。

图 6-12　螺纹塞规

【任务实施】

一、工件装夹

工件采用三爪自定心卡盘进行定位与装夹。当掉头加工另一端时，为了防止工件的变形和夹伤，装夹前应先包铜皮，找正并夹紧，夹紧力度要适中。加工完成后，要卸下工件。

二、参数设定

1. 工件零点设置

根据图样分析，工件零点设在工件中心线与端面的交点处。

2. 刀具补偿值的确定

安装刀具进行对刀，测量并输入刀具补偿值。

三、程序输入

1. 程序编制

（1）加工及进退刀路径设计。

（2）数学处理及基点的计算。

2. 工件的加工参考程序

工件的加工参考程序如表 6 - 19 所示。

表 6 - 19　工件的加工参考程序

程序	
O1101(件 1 左端外轮廓)	
S600 M03	Z－50
T0101	N20 G01 X50
M08	G40 G00 X100 Z100
G00 X50 Z2	M00
G71 U1.5 R1	T0202
G71 P10 Q20 U0.5 W0.05 F0.15	S1500 M03
N10 G42G00 X－4	M08
G02 X0 Z0 R2 F0.08	G00 X50 Z2
G03 X36Z－2 R82	G70 P10 Q20
G01 Z－35.02	G40 G00 X100 Z100
X48 C0.5	M30
O1301(件 1 左端梯形槽)	
S500 M03	Z－43.5
T0404	G00 X50
M08	Z－40.6
G00 X50 Z2	G01 X37.95 Z－43 F0.05
Z－43.5	Z－43.5
G01 X38 F0.05	G00 X100
G00 X50	Z100
Z－46.35	M30
G01 X37.95 Z－44	
O2101(件 2 左端外轮廓)	
S600 M03	G40 G00 X100 Z100
T0101	M00
M08	T0202
G00 X50 Z2	S1500 M03

G71 U1.5 R1	M08
G71 P10 Q20 U0.5 W0.05 F0.15	G00 X50 Z2
N10 G42 G00 X23	G70 P10 Q20
G01 X29.8 Z−1.5 F0.08	G40 G00 X100 Z100
Z−14	M30
N20 G01 X50	
O2301、O2401(件2左端退刀槽、外螺纹程序略)	
O3201(件1右端内轮廓)	
S600 M03	G40 G00 X100 Z100
T0303	M00
M08	T0303
G00 X20 Z2	S1200 M03
G71 U1.5 R0.5	M08
G71 P10 Q20 U−0.5 W0.05 F0.15	G00 X20 Z1
N10 G41 G00 X35.5	G70 P10 Q20
G01 X28.5 Z−1.5 F0.08	G40 G00 X100 Z100
Z−19	M30
N20 G01 X20	
O3301(件1右端内沟槽)	O3401(件1右端内螺纹)
S500 M03	S500 M03
T0404	T0505
M08	M08
G00 X27 Z2	G00 X25 Z5
Z−18.5	G92 X29.0 Z−17 F1.5
G01 Z−19 F0.1	X29.4
X31.5 F0.05	X29.6
G00 X27	X29.7

续表

Z100	X29.8
X100	X29.9
M30	X30
	G00 X100 Z100
	M30
O4101（件 2、件 1 配合后右端外轮廓）	
S600 M03	Z－76
T0101	X47
M08	U2 W－1
G00 X60 Z2	N20 G00 X50
G73 U25 R25	G40 G00 X100 Z100
G73 P10 Q20 U0.5 W0 F0.15	M00
N10 G42 G00 X－4	T0303
G02 X0 Z0 R2 F0.08	S1200 M03
♯1＝40	M08
N100 ♯1＝♯1－0.1	G00 X60 Z2
♯2＝24＊SQRT[1－♯1＊♯1/40/40]	G70 P10 Q20
G01 X[2＊♯2] Z[♯1－40]	G40 G00 X100 Z100
IF［♯1 GT－26.4］GOTO 100	M30
G01 X36 Z－66.46	

四、自动加工

（1）程序校验和动态模拟。

（2）自动加工和刀具补偿值修正。

【任务评价】

先使用合适的量具自检，将自检结果填写到表 6 - 20 中的自检部分，再送检，并将送检结论填入检测结果部分，最后检验自己的自检精度。

表 6-20　工件加工评分表

序号	项目		考核内容	配分	评分标准	自检	检测结果	得分	扣分
1	配合		装配成形	3	不能装配不得分				
			124±0.1	5	超差不得分				
2	件1	外圆	$\phi48_{-0.03}^{0}$	5	超差不得分				
			$\phi48\pm0.05$	5	超差不得分				
			$\phi36_{-0.03}^{0}$	5	超差不得分				
			$\phi36_{-0.05}^{0}$	5	超差不得分				
			$\phi38_{-0.1}^{0}$	3	超差不得分				
		长度	98±0.05	4	超差不得分				
			$35_{0}^{+0.05}$	5	超差不得分				
			未注公差长度	3	超差1处扣1分				
		其他	椭圆轮廓	8	不符不得分				
			M30×1.5-6H	8	超差不得分				
			R82	2	超差不得分				
			槽5、2、2、2、2	4	超差不得分				
			Ra1.6(3处)	3	降级1处扣1分				
			Ra3.2(4处)	2	降级1处扣0.5分				
			倒角、锐角倒钝	2	1处不符扣1分				
3	件2	外形	椭圆轮廓	8	超差不得分				
		螺纹	M30×1.5-6g	8	超差不得分				
		长度	40±0.10	4	超差不得分				
			未注公差长度	3	超差不得分				
		其他	Ra3.2(2处)	2	降级1处扣1分				
			倒角、C1.5、锐边倒钝	3	1处不符扣1分				
4	安全文明生产		零件装夹、刀具安装和加工工艺正确	0	1处不合理扣2分				
			机床操作正确	0	操作不规范扣2~5分				
			保养机床和量具正确	0	没有保养扣2~5分				
	配　分			100	总　得　分				

附　录

江苏省职业技能鉴定
数控车工　高级理论知识样题1及参考答案

样题1
注　意　事　项

1. 本试题依据《数控车工》2005 年国家职业标准命制，考试时间为 90 分钟。

2. 请在答题卡上填写您的姓名、准考证号和所在单位的名称。

3. 请仔细阅读答题要求，在规定位置填写答案。

一、单项选择题（第 1～60 题。选择一个正确的答案，在答题卡上，将相应的字母涂黑。每题 1 分，共 60 分。）

1. 作为行为规范，职业道德和法律的区别表现在（　　　）。

A. 职业道德的作用没有法律大　　　　　B. 职业道德规范比法律规范含糊

C. 职业道德和法律作用的范围不同　　　D. 职业道德和法律不能共同起作用

2. 下列关于对诚实守信的认识，正确的是（　　　）。

A. 诚实守信与经济发展相矛盾　　　　　B. 诚实守信是市场经济应有的法则

C. 是否诚实守信要视具体对象而定　　　D. 诚实守信应根据利益要求来决定

3.《中国商报》曾报道，乌鲁木齐挂面厂在日本印制塑料包装袋。由于有关人员在审查设计图纸时粗心大意，没有发现乌鲁木齐的"乌"字错为"鸟"字，结果包装袋上"乌鲁木齐"全部错为"鸟鲁木齐"。该案例充分说明了从业人员在日常的职业活动中应（　　　）。

A. 强化责任意识　　B. 坚守工作岗位　　C. 诚实守信　　D. 勤奋学习，提高专业技能

4. 灰铸铁的孕育处理常用的是（　　　）孕育剂。

A. 锰铁　　　　　　B. 镁合金　　　　　C. 铬　　　　　　D. 硅-铁

5. 在开环系统中，影响丝杠副重复定位精度的因素是（　　　）。

A. 接触变形　　　　B. 热变形　　　　　C. 配合间隙　　　D. 共振

6. 切削时，切削刃会受到很大的压力和冲击力，因此刀具必须具备足够的（　　　）。

A. 硬度　　　　　　B. 强度和韧性　　　C. 工艺性　　　D. 耐磨性

7. 石墨以球状存在的铸铁称为(　　　)。

A. 灰铸铁　　　　　B. 可锻铸铁　　　　C. 球墨铸铁　　　　D. 蠕墨铸铁

8. 电火花线切割加工属于(　　　)。

A. 放电加工　　　　B. 特种加工　　　　C. 电弧加工　　　　D. 切削加工

9. 不属于切削液作用的是(　　　)。

A. 冷却　　　　　　B. 润滑　　　　　　C. 提高切削速度　　D. 清洗

10. 下面不能用来做涂层材料的是(　　　)。

A. 氮碳化钛(TiCN)　B. 氮化钛(TiN)　　C. 氧化铝　　　　　D. 氮化铝钛(TiAlN)

11. 装配图标注尺寸有装配尺寸、规格、性能尺寸、安装尺寸和(　　　)。

A. 定形尺寸　　　　B. 定位尺寸　　　　C. 外形总体尺寸　　D. 其他重要尺寸

12. 滚动轴承的类型代号由(　　　)表示。

A. 数字　　　　　　B. 数字或字母　　　C. 字母　　　　　　D. 数字加字母

13. 在一定的(　　　)下,以最少的劳动消耗和最低的成本费用,按生产计划的规定,生产出合格的产品是制订工艺规程应遵循的原则。

A. 工作条件　　　　B. 生产条件　　　　C. 设备条件　　　　D. 电力条件

14. 轴类零件定位用的顶尖孔是属于(　　　)。

A. 精基准　　　　　B. 粗基准　　　　　C. 互为基准　　　　D. 自为基准

15. 根据一定的试验资料和(　　　),对影响加工余量的因素进行逐次分析和综合计算,最后确定加工余量的方法就是分析计算法。

A. 计算公式　　　　B. 经验数据　　　　C. 参考书　　　　　D. 技术参数

16. 切削用量中,对切削刀具磨损影响最大的是(　　　)。

A. 切削深度　　　　B. 进给量　　　　　C 切削速度　　　　　D. 进给速度

17. 在数控车床上安装工件时,若工件批量不大,则应尽量采用(　　　)。

A. 专用夹具　　　　B. 气动夹具　　　　C. 组合夹具　　　　D. 液动夹具

18. 设计夹具装置中,与夹紧力方向有关的准则以下错误的是(　　　)。

A. 不能破坏定位精度　　　　　　　　　B. 有利于减小夹紧力

C. 有利于减小工件变形　　　　　　　　D. 和定位无关

19. 编程加工内槽时,切槽前的切刀定位点的直径应比孔径尺寸(　　　)。

A. 小　　　　　　　B. 相等　　　　　　C. 大　　　　　　　D. 大或小均可

20. 决定某种定位方法属几点定位,主要根据(　　　)。

A. 有几个支承点与工件接触　　　B. 工件被消除了几个自由度

C. 工件需要消除几个自由　　　　D. 夹具采用几个定位元件

21. T0305 中的两位数字 03 的含义是(　　　)。

A. 刀具号　　　　　B. 刀偏号　　　　　C. 刀具长度补偿　　D. 刀补号

22. 使用数控车床镗孔时,若孔壁出现振纹,主要原因是(　　　)。

A. 材料太硬　　　　　　　　　　　　　　B. 镗刀刀尖圆弧半径较小

C. 镗刀杆刚性差或工作台进给时爬行　　　　D. 镗刀杆太短

23. 在程序段 G94 X30 Z−5 F0.3 中，（　　）的含义是端面车削的终点。

A. X30　　　　　　B. X30 Z−5　　　　C. Z−5　　　　D. F0.3

24. 在程序段 G73 P0028 Q0055 U1.0 W0.6 F0.3 中，W0.6 的含义是（　　）。

A. Z 轴方向的精加工余量　　　　　　　B. X 轴方向的精加工余量

C. 精加工起点　　　　　　　　　　　　D. 精加工终点

25. ♯1＝30 ；♯2＝COS［♯1＋15］；G01 X［♯2］；则 X 的值为（　　）。

A. 1　　　　　　　B. 0.707　　　　　　C. 2　　　　　　D. 0.5

26. 以下（　　）是指数函数表达式。

A. ♯i＝LN［♯j］　　B. ♯1＝LN［♯2］　C. ♯i＝EXP［♯j］　D. ♯1＝SIN［♯2］

27. 假设♯1＝1.2，则♯2＝FIX［♯1］的值是（　　）。

A. 1.0　　　　　　B. 2.0　　　　　　C. −1.0　　　　　D. −2.0

28. ♯1＝10；♯1LE♯2；则♯2＝（　　）。

A. 9　　　　　　　B. 10　　　　　　　C. 8　　　　　　D. 6

29. 在西门子数控参数编程运算中（　　）的优先级最高。

A. 加　　　　　　　B. 乘　　　　　　　C. 除　　　　　　D. 函数

30. 运行下列程序（华中系统）：

　　♯1＝2；

　　WHILE［♯1LE10］DO 1；

　　　♯1＝♯1＋2；

　　　G00 X♯1 Y♯1；

　　END 1；

　　M99；

当♯1 小于等于（　　）时，执行循环程序，反之结束循环返回主程序。

A. 2　　　　　　　B. 3　　　　　　　C. 5　　　　　　D. 10

31. 西门子数控系统中，R1＝1，R2＝−2，则下列正确的是（　　）。

A. ABS(R1)＜ABS(R2)　　　　　　　　B. R1＜R2

C. SIN(R1)＜SIN(R2)　　　　　　　　D. LN(R1)＜LN(R2)

32. 辅助功能中，表示程序计划停止的指令是（　　）。

A. M00　　　　　　B. M01　　　　　　C. M02　　　　　D. M30

33. 下面选项中，三维软件的通用格式为（　　）。

A. IGS　　　　　　B. DRW　　　　　　C. DWG　　　　　D. 以上都不是

34. 通常 CNC 系统通过输入装置将输入的零件加工程序存放在（　　）中。

A. EPROM　　　　　B. RAM　　　　　　C. ROM　　　　　D. EEPROM

35. 在同一个信道上的同一时刻，能够进行双向数据传送的通信方式是（　　）。

A. 单工　　　　　　B. 半双工　　　　　C. 全双工　　　　D. 上述三种均不是

36. 数控编程时，应首先设定（　　）。

A. 机床原点　　　　B. 固定参考点　　　C. 机床坐标系　　　D. 工件坐标系

37. 进行数控程序空运行的主要作用是（　　　）。

A. 检查程序是否存在句法错误　　　B. 检查程序的走刀路径是否正确

C. 检查程序是否完整　　　　　　　D. 检查换刀是否正确

38. 当工件的刚性较差（如车细长轴），为减小（　　　），主偏角应选较大值。

A. 径向力　　　　　　B. 轴向力　　　　　C. 变形　　　　　　D. 内应力

39. 车削薄壁零件的关键是（　　　）问题。

A. 强度　　　　　　　B. 刚度　　　　　　C. 同轴度　　　　　D. 变形

40. 双偏心工件是通过偏心部分最高点与基准之间的距离来检验偏心部分与基准部分轴线间的（　　　）。

A. 平行度　　　　　　B. 角度　　　　　　C. 相交度　　　　　D. 偏心距

41. 数控车床能进行螺纹加工，其主轴上一定安装了（　　　）。

A. 测速发电机　　　　B. 脉冲编码器　　　C. 温度控制器　　　D. 光电管

42. 有两条或两条以上轴线等距分布的螺旋线所形成的（　　　），称为多线螺纹。

A. 外圆　　　　　　　B. 内孔　　　　　　C. 螺纹　　　　　　D. 长度

43. 变导程螺纹的加工方法包括铣切法、（　　　）、改造数控车床加工法、分段加工法等。

A. 主轴变速转动　　　　　　　　　B. 主轴刀具变速运动

C. 刀具匀速移动法　　　　　　　　D. 刀具变速移动法

44. 在孔加工特别是箱体孔的精加工中，常采用（　　　）。

A. 镗刀　　　　　　　B. 钻孔　　　　　　C. 浮动铰刀　　　　D. 铰刀

45. 直线尺寸链采用极值算法时，其封闭环的上偏差等于（　　　）。

A. 增环的上偏差之和减去减环的上偏差之和

B. 增环的上偏差之和减去减环的下偏差之和

C. 增环的下偏差之和减去减环的上偏差之和

D. 增环的下偏差之和减去减环的下偏差之和

46. 如附图 1 所示的带轮孔局部简图，加工顺序为车内孔、拉键槽、热处理、磨孔。试计算拉键槽尺寸 $A_1 =$（　　　）。

A. 43 +0.17　　　B. 43 +0.05 −0.05　C. 43 +0.05　　　D. 43 +0.17 +0.05

47. 直线尺寸链采用概率算法时，若各组成环均接近正态分布，则封闭环的公差等于（　　　）。

A. 各组成环中公差的最大值　　　　B. 各组成环中公差的最小值

C. 各组成环公差之和　　　　　　　D. 各组成环公差平方和的平方根

48. 下列（　　　）不存在。

A. 深度千分尺　　　B. 螺纹千分尺　　　C. 蜗杆千分尺　　　D. 公法线千分尺

49. 使用（　　　）不可以测量深孔件的圆柱度精度。

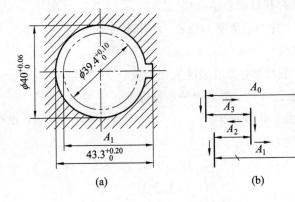

附图1　带轮孔局部简图

A. 圆度仪　　　　　　B. 内径百分表　　　C. 塞规　　　　　　D. 内卡钳

50. 在图层管理器中，影响图层显示的操作是(　　　)。

A. 锁定图层　　　　　B. 新建图层　　　　C. 删除图层　　　　D. 冻结图层

51. 国家标准中规定表面粗糙度的主要评定参数有(　　　)三项。

A. Re Ry Rz　　　　　B. Re Rx Rz　　　　C. Re Rs Rz　　　　D. Re Ra Rz

52. 有关"表面粗糙度"概念，下列说法不正确的是(　　　)。

A. 表面粗糙度是指加工表面上所具有的较小间距和峰谷所组成的微观几何形状特性

B. 表面粗糙度不会影响到机器的工作可靠性和使用寿命

C. 表面粗糙度实质上是一种微观的几何形状误差

D. 一般是在零件加工过程中，由机床、刀具、工件系统的振动等原因引起的

53. 下列误差因素中，不属于常值系统误差的是(　　　)。

A. 机床几何误差　　　B. 工件定位误差　　C. 人为误差　　　　D. 刀具磨损

54. 检验箱体工件上的立体交错孔的(　　　)时，在基准心棒上装一百分表，测头触在测量心棒的圆柱面上，旋转180°后再测，即可确定两孔轴线在测量长度内的误差。

A. 位置度　　　　　　B. 平行度　　　　　C. 垂直度　　　　　D. 相交度

55. 用一次安装方法车削套类工件，如果工件发生移位，车出的工件会产生(　　　)误差。

A. 同轴度、垂直度　　　　　　　　　B. 圆柱度、圆度

C. 尺寸精度、同轴度　　　　　　　　D. 表面粗糙度、同轴度

56. 检查气动系统压力是否正常是数控车床(　　　)需要检查保养的内容。

A. 每年　　　　　　　B. 每月　　　　　　C. 每周　　　　　　D. 每天

57. 当数控车床的反向(　　　)和轴向刚度有偏差时，可以调整滚珠丝杆的传动间隙进行调节。

A. 传动精度　　　　　B. 机械精度　　　　C. 加工精度　　　　D. 重复定位精度

58. 液压系统常出现的下列四种故障现象中，只有(　　　)不是因为液压系统的油液温升引起的。

A. 液压泵的吸油能力和容积效率降低

B. 系统工作不正常，压力、速度不稳定，动作不可靠

C. 活塞杆爬行和蠕动

D. 液压元件内外泄漏增加，油液加速氧化变质

59. 生产管理中节拍是（   ）类型中的期量标准。

A. 大批生产　　　　B. 成批生产　　　　C. 大量流水生产　　D. 单件小批生产

60. ISO 9000 族的核心标准是（   ）。

A. ISO 9000

B. ISO 9001 和 ISO 9004

C. ISO 9011

D. 以上全部

二、判断题（第 61～80 题。判断正误。正确的请在答题卡上将字母"A"涂黑。错误的将字母"B"涂黑。每题 1 分，共 20 分）

（   ）61. 在职业实践中，要做到公私分明，应该从细微处严格要求自己。

（   ）62. 接触器主要适用于远距离频繁接通和断开交、直流主电路及大容量的控制电路。

（   ）63. 液压传动中液体流动时，能量是守恒的，除了液压能外还有动能和位能。

（   ）64. 数控车床一般采用 PLC 作为辅助控制装置。

（   ）65. 外圆粗车循环方式适合于加工已基本铸造或锻造成型的工件。

（   ）66. 用内径百分表测量时，当表针按顺时针方向旋转而未达到"零"点时的读数是负值。

（   ）67. 确定加工顺序、工序内容和加工方法，划分加工阶段，安排热处理、检验、及其他辅助工序是填写工艺文件的主要工作。

（   ）68. 钻中心孔时，不宜选择较高的主轴转速。

（   ）69. 判断刀具磨损，可视加工表面的粗糙度及切削的形状、颜色而定。

（   ）70. 在 FANUC 系统中，G70 是外圆切削循环指令。

（   ）71. G 代码可以分为模态 G 代码和非模态 G 代码。

（   ）72. 刀具轨迹的生成一般包括走刀轨迹的安排，刀位点的计算，刀位点的优化与编排等三个步骤。

（   ）73. 当数控车床的程序保护开关处于 NO 位置时，不能对程序进行编辑。

（   ）74. 刀具磨损补偿应输入到系统程序中去。

（   ）75. 相同切削条件下，切削脆性材料比切削塑性材料的切削力要小一些。

（   ）76. 检验箱体工件上的立体交错孔的垂直度时，在基准心棒上装一百分表，测头顶在测量心棒的圆柱面上，旋转 90° 后再测，即可确定两孔轴线在测量长度内的垂直度误差。

（   ）77. 机床送电顺序是，首先合上动力开关，然后再合上电源总开关。

（   ）78. 切削用量过大或频繁的正反转变速不会引起主轴过载报警。

（   ）79. 设备的三级保养大修制为日常保养、一级保养、二级保养和大修理。

（　　）80. "三包"是生产企业对产品质量和功能做出的保证和承诺。

三、多项选择题（第81～100题。有多个正确答案，请选择两个或两个以上正确答案，将相应的字母涂黑，多选、错选或少选均不得分。每题1分，共20分。）

81. 团结互助的基本要求有（　　）。

A. 加强协作　　B. 顾全大局　　C. 平等尊重　　D. 互相学习　　E. 你追我赶

82. 常见的机械传动有（　　）等几种。

A. 带传动　　B. 链传动　　C. 齿轮传动　　D. 键传动　　E. 螺纹传动

83. 以下（　　）不是曲柄滑块机构的功能。

A. 将转动转换为移动，或移动转换为转动

B. 将转动转换为摆动，或摆动转换为转动

C. 将一种摆动转换为另一种摆动

D. 将相对移动转换为转动

E. 将高速旋转转换为低速旋转

84. 以下控制回路中，属于压力控制回路的有（　　）。

A. 调压回路　　B. 减压回路　　C. 卸荷回路　　D. 平衡回路　　E. 方向回路

85. 半闭环控制系统的特点有（　　）。

A. 位置检测元件不直接安装在进给坐标轴的最终运动部件上

B. 位置检测元件直接安装在进给坐标轴的最终运动部件上

C. 伺服系统的精度低于闭环系统

D. 伺服系统的精度高于闭环系统

E. 系统稳定性差

86. 在装配图中，零件的工艺结构如（　　）可不画出。

A. 小圆角　　B. 倒角　　C. 退刀槽　　D. 螺纹　　E. 键连接

87. 加工套类零件的定位基准有（　　）。

A. 端面　　B. 外圆　　C. 内孔　　D. 卡盘中心　　E. 侧面孔

88. 使用圆锥销轴定位，短接触时限制（　　）个自由度，长接触时限制（　　）个自由度。

A. 3　　B. 6　　C. 5　　D. 2　　E. 4

89. 当高速粗车钢件时，宜选用（　　）刀具。

A. YT15　　B. YT20　　C. YT30　　D. YG6　　E. HSS

90. 在 G75 X (U) Z(W) R(i) P(K)Q(Δd)程序格式中，（　　）表示 Z 方向间断切削长度。（　　）表示锥螺纹始点与终点的半径差。

A. X(U)　　B. Δd　　C. Z(W)　　D. i　　E. K

91. 螺纹切削复合循环 G76 C(c) R(r) E(e) A(a) X(x) Z(z) I(i) K(k) U(d) V (Δdmin) Q(Δd) P(p) F(L)中，k 的含义和 r 的含义（　　）。

A. 螺纹 X 向退尾长度　　　　B. 螺纹高度　　　　C. 螺纹 Z 向退尾长度

D. 刀尖角度　　　　　　　　　E. 螺旋长度

92. 指令格式 CYCLE97(PIT, MPIT, SPL, FPL, DM1, DM2, APP, ROP, TDEP, FAL, IANG, NSP, NRC, NID, VARI, NUMTH)中 PIT 表示(　　), MPIT 表示(　　)。

A. 螺距　　　　　B. 螺纹 Z 向退尾长度　　　　C. 螺纹高度

D. 米制粗牙螺纹的公称直径　　　　　　　E. 螺纹底径

93. CYCLE94(SPD, SPL, FORM, VARI)指令中, 说法正确的有(　　)。

A. SPD 是指直径值, 没有符号　　　B. SPL 是指 Z 方向起始值, 不输入符号

C. FORM 是指切削速度　　　D. VARI 是指槽的位置　　　E. 这是螺纹加工指令

94. 下面关于数控加工仿真软件说法正确的有(　　)。

A. 可以代替真正的机床　　　B. 可以节约实习成本　　　C. 可以实现一人一台训练

D. 可实现多种系统的练习　　　E. 可以训练学生熟悉金属切削性能

95. 下面属于局域网络硬件组成的有(　　)。

A. 网络服务器　　　　　　　B. 个人计算机工作站　　　　C. 打印机

D. 调制解调器　　　　　　　E. 网络接口卡

96. 车削螺纹时, 产生牙形不正确的原因有(　　)。

A. 刀杆刚性不足　　　　　　B. 车刀刃磨不正确　　　　C. 车刀装夹不正确

D. 车刀磨损　　　　　　　　E. 进给率 F 值不合理

97. 孔加工中, 可靠的切屑控制是刀片槽形发展不可或缺的一部分, 其方向不是限制(　　)。

A. 切削热　　　　　　　　　B. 连续的切屑形成　　　　C. 难加工材料的断屑

D. 切削力　　　　　　　　　E. 加强刚性

98. 工艺尺寸链具有(　　)特征。

A. 开放性　　　B. 关联性　　　C. 一致性　　　D. 尺寸独立性　　　E. 封闭性

99. 千分尺可以分为(　　)、深度千分尺等几种。

A. 万能角度尺　　　　　　　B. 内径千分尺　　　　　　C. 螺纹千分尺

D. 公法线千分尺　　　　　　E. 内测千分尺

100. 在气压系统中, 气缸的输出力不足和动作不平稳, 一般是由于(　　)。

A. 密封圈和密封环磨损或损坏

B. 活塞或活塞杆被卡住、润滑不良或供气量不足

C. 活塞杆安装偏心

D. 缸内有冷凝水和杂质等原因造成的

E. 润滑油渗漏

四、操作题 1(100 分)

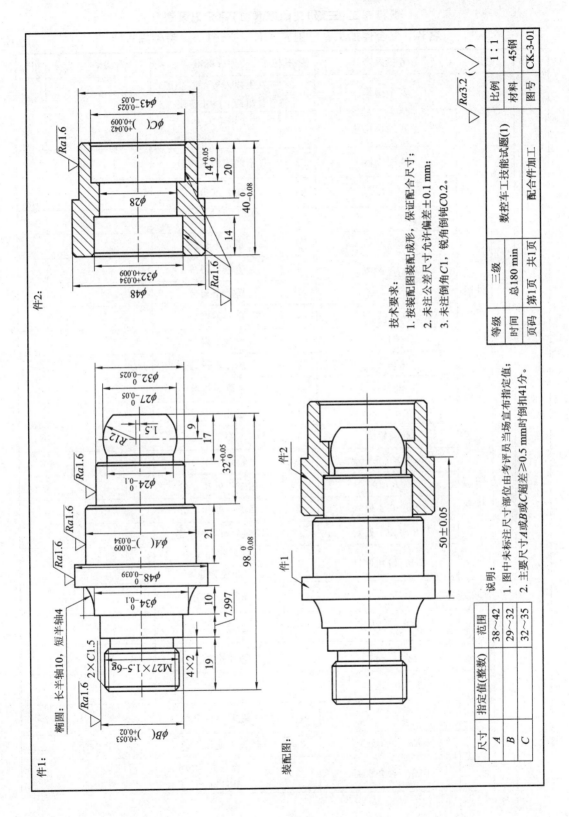

件1：

椭圆：长半轴10，短半轴4

技术要求：
1. 按装配图装配成形，保证配合尺寸；
2. 未注公差尺寸允许偏差±0.1 mm；
3. 未注倒角C1，锐角倒钝C0.2。

件2：

装配图：

说明：
1. 图中未标注尺寸部位由考评员当场宣布指定值；
2. 主要尺寸A或B或C超差≥0.5 mm时倒扣41分。

尺寸	指定值(整数)	范围
A		38~42
B		29~32
C		32~35

等级	三级	数控车工技能试题(1)		比例	1：1
时间	总180 min			材料	45钢
页码	第1页　共1页	配合件加工		图号	CK-3-01

$\sqrt{Ra3.2}$ (√　)

评分表 1

数控车工(三级)技能试题(1)评分记录表

名称:配合件加工　　图号:CK-3-01　　**考件编号**

序号	项目		考核内容	配分	评分标准	检测结果	得分	扣分
1	否定项		安全操作	0	发生撞刀等严重生产事故,终止鉴定			
			主要外径尺寸	0	尺寸超差大于等于0.5 mm,扣41分			
2	配合		装配成形	2	不能装配不得分			
			50 ± 0.05	6	超差不得分			
3	件1	外圆	$\phi A(\ )_{-0.034}^{-0.009}$	7				
			$\phi B(\ )_{+0.02}^{+0.053}$	6	超差不得分			
			$\phi 48_{-0.039}^{0}$	4	超差不得分			
			$\phi 32_{-0.025}^{0}$	7	超差不得分			
			$\phi 27_{-0.05}^{0}$	4	超差不得分			
			$\phi 34_{-0.1}^{0}$	2	超差不得分			
			$\phi 24_{-0.1}^{0}$	2	超差不得分			
		长度	$98_{-0.08}^{0}$	3	超差不得分			
			$32_{0}^{+0.05}$	4	超差不得分			
		其他	椭圆轮廓	6	不符不得分			
			$M27\times1.5-6g$	6	超差不得分			
			$R12$	2	超差一处扣1分			
			$Ra1.6$(4处)	4	降级一处扣1分			
			$Ra3.2$(4处)	2	降级一处扣0.5分			
			倒角、锐角倒钝	2	一处不符扣1分,扣完为止			
4	件2	外圆	$\phi 43_{-0.05}^{-0.025}$	6	超差不得分			
		内孔	$\phi C(\ )_{+0.009}^{+0.042}$	5	超差不得分			
			$\phi 32_{+0.009}^{+0.034}$	6	超差不得分			
		长度	$40_{-0.08}^{0}$	3	超差不得分			
			$14_{0}^{+0.05}$	4	超差不得分			
		其他	$Ra1.6$(3处)	3	降级一处扣1分			
			倒角、锐角倒钝	2	一处不符扣1分,扣完为止			

序号	项目	考核内容	配分	评分标准	检测结果	得分	扣分
5	一般尺寸	未注公差尺寸	2	超差一处扣 0.5 分			
6	安全文明生产	零件装夹、刀具安装和加工工艺正确	0	一处不合理扣 2 分			
		机床操作规范	0	操作不规范扣 2～5 分			
		保养机床和量具正确	0	没有保养扣 2～5 分			
	配分		100	总　得　分			

样题 1　参考答案及评分标准

一、选择题(第 1~60 题)

评分标准:每题答对 1 分;答错可漏答不给分,也不扣分。

1	2	3	4	5	6	7	8	9	10
C	B	A	D	C	B	C	B	C	C
11	12	13	14	15	16	17	18	19	20
D	B	B	A	A	C	C	D	A	B
21	22	23	24	25	26	27	28	29	30
A	C	B	A	B	C	B	B	D	D
31	32	33	34	35	36	37	38	39	40
A	B	A	B	C	D	B	A	D	D
41	42	43	44	45	46	47	48	49	50
B	C	D	C	B	D	D	C	C	D
51	52	53	54	55	56	57	58	59	60
A	B	C	C	A	D	A	C	C	D

二、判断题(第 61~80 题)

评分标准:每题答对 1 分;答错可漏答不给分,也不扣分。

61	62	63	64	65	66	67	68	69	70
√	√	√	√	×	×	×	√	√	×
71	72	73	74	75	76	77	78	79	80
√	√	√	×	√	×	×	×	√	√

三、多选题(第 81~100 题)

评分标准:每题答对 1 分;答错可漏答不给分,也不扣分。

81	82	83	84	85	86	87	88	89	90
ABCD	ABCE	BCDE	ABCD	AC	ABC	BC	AC	ACD	BD
91	92	93	94	95	96	97	98	99	100
BC	AD	ABD	BCD	ABE	BCD	ACDE	BE	BCDE	BD

江苏省职业技能鉴定
数控车工 高级理论知识样题2及参考答案

样题2
注 意 事 项

1. 本试题依据《数控车工》2005年国家职业标准命制，考试时间为90分钟。

2. 请在答题卡上填写您的姓名、准考证号和所在单位的名称。

3. 请仔细阅读答题要求，在规定位置填写答案。

一、**单项选择题**（第1～60题。选择一个正确的答案，在答题卡上，将相应的字母涂黑。每题1分，共60分。）

1. 古人所谓的"鞠躬尽瘁，死而后已"，就是要求从业者在职业活动中做到（ ）。

A. 忠诚　　　　B. 勤勉　　　　C. 审慎　　　　D. 民主

2. 在职业活动中，主张个人利益高于他人利益、集体利益和国家利益的思想属于（ ）。

A. 极端个人主义　B. 自由主义　　C. 享受主义　　D. 拜金主义

3. 文明礼貌的基本要求包括（ ）。

A. 着装时髦　　　B. 举止随便　　C. 语言规范　　D. 谈吐不凡

4. 按含碳量分类，45号钢属于（ ）。

A. 低碳钢　　　　B. 中碳钢　　　C. 高碳钢　　　D. 多碳钢

5. PLC是在（ ）控制系统基础上发展起来的。

A. 继电控制系统　B. 单片机　　　C. 个人电脑　　D. 机器人

6. 步进电机在转速突变时，若没有一个加速或减速过程，会导致电机（ ）。

A. 发热　　　　　B. 不稳定　　　C. 丢步　　　　D. 失控

7. 闭环控制系统的位置检测装置装在（ ）。

A. 传动丝杠上　　　　　　　　B. 伺服电动机轴上

C. 机床移动部件上　　　　　　D. 数控装置上

8. 精密丝杠的加工工艺中，要求锻造工件毛坯，目的是使材料晶粒细化、组织紧密、碳化物分布均匀，从而提高材料的（ ）。

A. 塑性　　　　　B. 韧性　　　　C. 强度　　　　D. 刚性

9. 用于制造柴油机曲轴、减速箱齿轮及轧钢机轧辊的铸铁可选用（ ）。

A. 可锻铸铁　　　B. 球墨铸铁　　C. 灰口铸铁　　D. 白口铸铁

10. 精加工外圆时，宜选用的加工条件为（ ）。

A. 较大切削速度与较大进给速度　　　B. 较大切削速度与较小进给速度

C. 较小切削速度与较大进给速度　　　D. 较小切削速度与较小进给速度

11. 用线切割机床不能加工的形状或材料为（ ）。

A. 盲孔　　　　　B. 圆孔　　　　C. 上下异性件　D. 淬火钢

12. TiAN涂层作为一种新型涂层材料，具有硬度高、氧化温度高、热硬性好、附着力强、摩擦系数小、导热率低等优良特性，可部分或完全替代 TiN，尤其适用于（　　）切削。

    A. 低速   B. 高速   C. 中速   D. 等线速度

13. 装配图中如凹槽、键槽、销孔等可用（　　）视图表示。

    A. 全剖   B. 半剖   C. 局部剖   D. 阶梯剖

14. 识读装配图的步骤中，首先应（　　）。

    A. 识读标题栏   B. 看明细表   C. 看标注尺寸   D. 看技术要求

15. 代号为 N1024 的轴承内径应该是（　　）。

    A. 20   B. 24   C. 40   D. 120

16. 机械加工工艺规程是规定产品或零部件制造工艺过程和操作方法的（　　）。

    A. 工艺文件   B. 工艺规程   C. 工艺教材   D. 工艺方法

17. 当工件上有多个不加工表面时，应选择（　　）的表面为粗基准。

    A. 余量小   B. 余量大   C. 尺寸较大   D. 精度要求高

18. 确定加工顺序、工序内容、加工方法，划分加工阶段，安排热处理、检验及其他辅助工序是（　　）的主要工作。

    A. 拟定工艺路线   B. 拟定加工方法   C. 填写工艺文件   D. 审批工艺文件

19. 影响夹具对成形运动的定位因素有（　　）。

    A. 元件定位面对夹具定位面的位置误差

    B. 夹具定位面与机床定位面的连接配合误差

    C. 机床定位面对成形运动的位置误差

    D. 以上都是

20. 工件以两顶尖孔在两顶尖上定位时，限制了（　　）个自由度。

    A. 3   B. 2   C. 4   D. 5

21. 用心轴装夹套类工件，如果心轴本身同轴度超差，车出的工件会产生（　　）误差。

    A. 同轴度、垂直度   B. 圆柱度、圆度

    C. 尺寸精度、同轴度   D. 表面粗糙度、同轴度

22. 硬质合金的"K"类材料刀具主要适用于车削（　　）。

    A. 软钢   B. 合金钢   C. 碳钢   D. 铸铁

23. 磨削加工中所用的砂轮的三个基本组成要素是（　　）。

    A. 磨料、结合剂、孔隙   B. 磨料、结合剂、硬度

    C. 磨料、硬度、孔隙   D. 硬度、颗粒度、孔隙

24. FANUC 系统中，"M98 P20024；"指令调用了（　　）次子程序。

    A. 20   B. 2   C. 24   D. 200

25. 数控系统中大多有子程序功能，并且子程序（　　）嵌套。

    A. 只能有一层   B. 可以有有限层   C. 可以有无限层   D. 不能

26. 在切削循环 G90 X＿＿＿ Z＿＿＿ R＿＿＿ F＿＿＿指令中，R 是指（　　）。

    A. 圆弧半径   B. 锥度小头半径

    C. 锥度大头半径   D. 锥度起点相对于终点的半径差

27. 程序段 G71 P0035 Q0060 U4.0 W2.0 S500 是外径粗加工循环指令，用于切除（　　）毛坯的大部分余量。

A. 铸造　　　　　　B. 棒料　　　　　　C. 锻造　　　　　　D. 焊接

28. （　　）是固定形状粗加工循环指令。

A. G70　　　　　　B. G71　　　　　　C. G72　　　　　　D. G73

29. 在 G75 X80 Z−120 P10 Q5 R1 F0.3 程序格式中，（　　）表示 Z 方向间断切削长度。

A. −120　　　　　　B. 5　　　　　　C. 10　　　　　　D. 80

30. 根据 ISO 标准，当刀具中心轨迹在程序前进方向左边时称为左刀具补偿，用（　　）指令表示。

A. G43　　　　　　B. G42　　　　　　C. G41　　　　　　D. G40

31. （　　）为局部变量，局部变量只能在宏程序中存储数据。

A. #1～#33　　　B. #100～#199　　C. #500～#999　　D. #0

32. 在 LN[#j] 中，#j 的取值范围是（　　）。

A. 大于零　　　　　　B. 小于零　　　　　　C. 正负都可以　　　　　　D. 必须小于 1

33. 假设 #1＝1.2，则 #2＝FUP[#1] 的值是（　　）。

A. 1.0　　　　　　B. 2.0　　　　　　C. −1.0　　　　　　D. −2.0

34. 西门子数控系统中，用于绝对跳转的指令是（　　）。

A. IF R1 GOTOF ABC　　　　　　B. IF R2 GOTOB ABC

C. GOTOF ABC　　　　　　D. IF R1＞R2 GOTOB ABC

35. 西门子数控系统中，R1＝1，R2＝−2，则下列正确的是（　　）。

A. ABS(R1)＞ABS(R2)　　　　　　B. R1＞R2

C. SIN(R2)＞SIN(R1)　　　　　　D. LN(R1)＞LN(R2)

36. 通常数控系统除了直线插补外，还有（　　）。

A. 正弦插补　　　　　　B. 圆弧插补　　　　　　C. 抛物线插补　　　　　　D. 椭圆线

37. UG 生成的刀轨路径，只有通过（　　）后，才能转化成为数控车床可以执行的 NC 程序文件。

A. 编辑　　　　　　B. 重新生成　　　　　　C. 给操作者看过　　　　　　D. 后处理

38. 数控加工仿真软件的选用主要考虑的是（　　）。

A. 计算机配置要求　　　　　　B. 机床系统相匹配

C. 价格因素　　　　　　D. 操作要方便

39. 计算机网络通信采用同步和异步两种方式，但传送效率是（　　）。

A. 同步方式高　　　　　　B. 异步方式高

C. 同轴同步与异步方式传送效率相同　　　　　　D. 无法比较

40. 局域网由（　　）统一指挥，提供文件、打印、通信和数据库等服务功能。

A. 网卡　　　　　　B. 磁盘操作系统 DOS

C. 网络操作系统　　　　　　D. Windows 98

41. FANUC 系统中，（　　）指令是换刀指令。

A. M05　　　　　　B. M02　　　　　　C. M03　　　　　　D. M06

42. 在直径 400 mm 的工件上车削沟槽，若切削速度设定为 100 mm/min，则主轴转速宜选（　　）r/min。

A. 69   B. 79   C. 100   D. 200

43. 设计孔加工刀具时，需要考虑（   ）等特殊要求。

A. 刀具材料   B. 正确选择结构形式   C. 容屑和排屑   D. 以上都是

44. 程序段 G72 P0035 Q0060 U4.0 W2.0 S500 是（   ）循环指令。

A. 精加工   B. 外径粗加工   C. 端面粗加工   D. 固定形状粗加工

45. G92 X52 Z－100 I3.5 F3 中，I3.5 的含义是（   ）。

A. 进刀量   B. 锥螺纹大、小端的直径差

C. 锥螺纹大、小端的直径差的一半   D. 通刀量

46. 梯形螺纹的牙型角为（   ）。

A. 30°   B. 40°   C. 55°   D. 60°

47. 在 G75 X(U) Z(W) R(i) P(K) Q(Δd)程序格式中，（   ）表示螺纹终点的增量值。

A. X、U   B. U、W   C. Z、W   D. R

48. 测量深孔表面的粗糙度最常用的方法是（   ）。

A. 轴切法   B. 影像法   C. 光切法   D. 比较法

49. 深孔加工的主要问题在于刀具的（   ）。

A. 材料   B. 几何角度   C. 长短   D. 刚度

50. 如附图 2 所示，以 0 点为对刀点进行数控车床加工，0 为基准，属于基准重合的尺寸是（   ）。

A. $Z1$ B. $Z2$ C. $Z3$ D. $Z4$

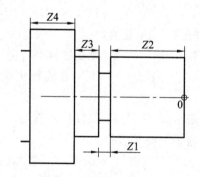

附图 2   数控车床的基准

51. 在给定的一个方向时，平行度的公差带是（   ）。

A. 距离为公差值 t 的两平行直线之间的区域

B. 直径为公差值 t，且平行于基准轴线的圆柱面内的区域

C. 距离为公差值 t，且平行于基准平面（或直线）的两平行平面之间的区域

D. 正截面为公差值 $t1$、$t2$，且平行于基准轴线的四棱柱内的区域

52. 用一次安装方法车削套类工件，如果工件发生移位，车出的工件会产生（   ）误差。

A. 同轴度、垂直度   B. 圆柱度、圆度

C. 尺寸精度、同轴度   D. 表面粗糙度、同轴度

53. 通常用（　　）系数表示加工方法和加工设备能胜任零件所要求的加工精度的程度。

A. 工艺能力　　　　B. 误差复映　　　　C. 误差传递　　　　D. 机床精度

54. 数控车床回转刀架转位后的精度，主要影响加工零件的（　　）。

A. 形状精度　　　　B. 粗糙度　　　　C. 尺寸精度　　　　D. 圆柱度

55. 用仿形法车圆锥时产生锥度（角度）误差的原因是（　　）。

A. 顶尖顶的过紧　　　　　　　B. 工件长度不一致

C. 车刀装的不对中　　　　　　D. 滑块与靠模板配合不良

56. 违反安全操作规程的是（　　）。

A. 严格遵守生产纪律　　　　　B. 遵守安全操作规程

C. 执行国家劳动保护政策　　　D. 可使用不熟悉的机床和工具

57. 提高机床传动链传动精度的措施是（　　）。

A. 尽可能增加传动元件，延长传动链

B. 提高各传动元件的制造、安装精度，特别是末端元件

C. 尽可能使用越靠近末端的传动副，速度应越大，即采用升速传动

D. 以上三者都是

58. 在液压系统中由于油泵、油缸的效率损失过大，油箱散热条件较差，会造成系统（　　）故障产生。

A. 噪声　　　　B. 爬行　　　　C. 泄漏　　　　D. 油温过高

59. 运行管理的目的是建立一个高效率的生产制造系统，为企业制造（　　）的产品。

A. 有效益　　　　B. 质量高　　　　C. 有竞争力　　　　D. 有需求

60. 产品从设计、制造到整个使用寿命周期的成本和费用方面的特性是（　　）。

A. 可靠性　　　　B. 寿命　　　　C. 经济型　　　　D. 性能

二、判断题（第 61～80 题。判断正误。正确的请在答题卡上将字母"A"涂黑。错误的将字母"B"涂黑。每题 1 分，共 20 分）

（　　）61. 爱岗敬业是职业道德最基本、最起码、最普通的要求。

（　　）62. 铰锥孔时，由于加工余量大，一般将锥铰刀制成 2～3 把一套，其中一把是精铰刀，其余是粗铰刀。

（　　）63. 切削用量中，对切削刀具磨损影响最大的是背吃刀量。

（　　）64. 设计基准与定位基准不重合对加工精度没有影响。

（　　）65. 装夹是指定位与夹紧的全过程。

（　　）66. 理论上来说，相同的切削条件下，刀具齿数越多，进给速度可能越快。

（　　）67. 计算绝对值，既可以用 ♯1＝ABS［♯j］表示，也可以用 ♯1＝ABS［♯2］表示。

（　　）68. 通信协议在数控车床（CNC）侧与个人计算机（PC 机）侧要一致，否则不能进行通信传输。

（　　）69. 根据 ISO 标准，当刀具中心轨迹在程序轨迹前进方向左边时称左刀具补偿，用 G41 指令表示。

（　　）70. 空运行是对程序进行初步检验。

（　　）71. 正确的切削形状和大小以及有效的排屑对于深孔加工（尤其是深孔钻削）而

言至关重要。

（　　）72. 装配尺寸链中每个独立尺寸的偏差都将影响装配精度。

（　　）73. 螺纹导程是指在同一螺旋线的中径线上对应两点的轴向距离。

（　　）74. 测量误差是指被测量的实际值与其真值之差。

（　　）75. 圆柱齿轮传动的精度要求有运转精度、工作平稳性、接触精度等几方面。

（　　）76. 数控车床主轴转动的情况是一年需要检查保养的内容。

（　　）77. 数控车床主轴发生异常噪声及振动时，首先要判断是发生在机械部分还是电器驱动部分。

（　　）78. 气压传动系统中如果出现轻微的漏气，可以用涂肥皂水的方法进行检验。

（　　）79. 产品设计是解决生产什么样产品的问题，而生产工艺则解决产品如何制造的问题。

（　　）80. 质量体系审核只能由企业外部的专职机构进行。

三、多项选择题（第 81～100 题。有多个正确答案，请选择两个或两个以上正确答案，将相应的字母涂黑，多选、错选或少选均不得分。每题 1 分，共 20 分。）

81. 从业人员素质主要包含（　　）。

A. 知识　　　　B. 能力　　　　C. 责任心　　　　D. 升职愿望　　　E. 家庭背景

82. 根据螺旋机构的用途分为（　　）。

A. 传力螺旋　　B. 变向螺旋　　C. 调整螺旋　　D. 测量螺旋　　E. 传导螺旋

83. 普通车床的主轴箱包括（　　）润滑装置。

A. 传动机构　　B. 操纵机构　　C. 换向装置　　D. 制动装置　　E. 能量储存机构

84. 液压和气压传动中，容易形成局部压力损失的部位有（　　）。

A. 直管部位　　　　　　B. 弯管部位　　　　　　C. 管路截面积突变部位

D. 开关部位　　　　　　E. 滤网

85. 数控车床按伺服系统分有（　　）。

A. 开环控制　　　　　　B. 闭环控制　　　　　　C. 半闭环控制

D. 半开环控制　　　　　E. 全开环控制

86. 以下机床（　　）一般使用滚珠丝杠副。

A. 数控车床　　B. 数控铣床　　C. 数控磨床　　D. 数控钻床　　E. 加工中心

87. 关于积屑瘤，下列说法正确的有（　　）。

A. 加大了刀具的实际切削前角，使切削力减小；积屑瘤越大，实际前角越大

B. 稳定的积屑瘤可代替刀刃切削，提高刀具耐用度；不稳定的切削瘤，会使前刀面磨损加剧

C. 增大了切削厚度，当积屑瘤不稳定时，其产生、成长与脱落可能引起振动

D. 使加工表面粗糙度增大

E. 任何时候都要避免积屑瘤

88. 轴套类零件图常用的表达方法有（　　）。

A. 主视图　　　　　　　B. 断面图　　　　　　　C. 局部剖视图

D. 局部放大图　　　　　E. 主视图、俯视图、左视图联合表达

89. 加工塑性材料时，（　　）将使变形变小。

A. 高速切削　　　　　　　B. 工件材料强度提高　　　　C. 刀具前角减小

D. 切削厚度增大　　　　　E. 加大进给

90. 基本夹紧机构有（　　）。

A. 斜锲夹紧机构　　　　　B. 螺旋夹紧机构　　　　　　C. 偏心夹紧机构

D. 方形夹紧机构　　　　　E. 线性夹紧机构

91. 可转位车刀刀杆切削有振动，可能的原因有（　　）。

A. 刀片没夹紧　　　　　　B. 刀片尺寸误差太大　　　　C. 夹紧元件变形

D. 刀具质量太差　　　　　E. 切削量太小

92. G65 P0012 L33 表示调用子程序名调用了（　　）次。

A. 12　　　　　B. 0012　　　　　C. 65　　　　　D. 33　　　　　E. 3

93. 下列表达正确的有（　　）。

A. 1＋ATAN(R1)　　　　　B. ATAN(1＋R1)　　　　　　C. 2＊ATAN(R1)

D. 3ATAN(R1)　　　　　　E. 2＊ATAN(R2)

94. 常见的几何建模模式有（　　）。

A. 线框建模　　B. 表面建模　　C. 实体建模　　D. 特征建模　　E. 尺寸建模

95. 在编制数控加工程序以前，应该确定了（　　）。

A. 机床夹具　　B. 加工尺寸　　C. 加工轨迹　　D. 工艺过程　　E. 所有刀具

96. 主轴编码器的作用有（　　）。

A. 检测主轴转速　　　　　B. 加工螺纹攻螺纹用　　　　C. 控制准停

D. 控制主轴温度　　　　　E. 控制主轴速度

97. 下列关于尺寸链叙述错误的有（　　）。

A. 由相互联系的尺寸按顺序排列的链环

B. 一个尺寸链可以有一个以上封闭环

C. 在极值算法中，封闭环公差大于任何一组环公差

D. 分析尺寸链时，与尺寸链中的组成数目多少无关

E. 组成尺寸链的各个尺寸称为尺寸链的环

98. 工艺尺寸链具有（　　）特征。

A. 开放性　　　B. 关联性　　　C. 一致性　　　D. 封闭性　　　E. 互换性

99. 检验箱体工件上的立体交错孔的垂直度时，先用（　　）找正基准心棒，使基准孔与检验平板垂直，然后用（　　）测量心棒两处，其差值即为测量长度内两孔轴线的垂直度误差。

A. 直角尺　　　B. 千分尺　　　C. 百分表　　　D. 内径表　　　E. 角度尺

100. 公差与配合标准的应用主要解决（　　）。

A. 公差等级　　　　　　　B. 基本偏差　　　　　　　　C. 配合性质

D. 配合基准制　　　　　　E. 零件的加工精度高于配合要求

四、操作题 2(100 分)

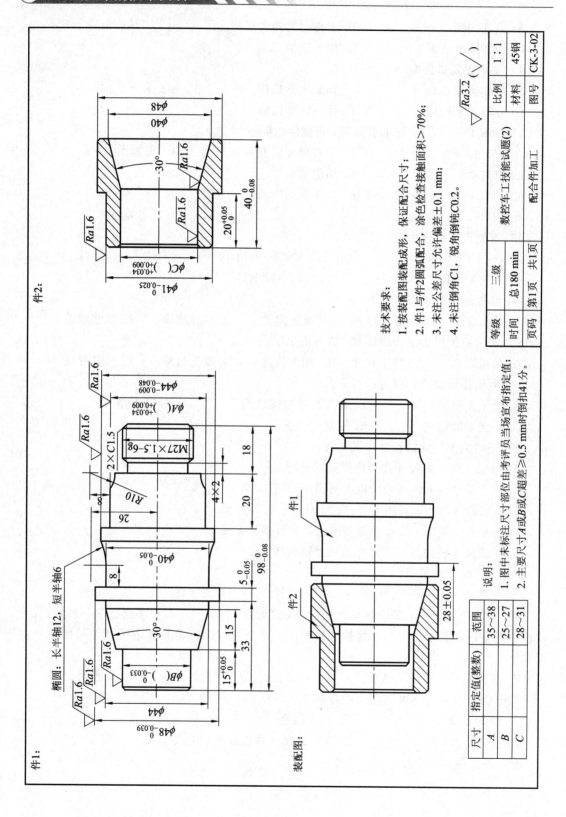

件2:

件1:

装配图:

椭圆：长半轴12，短半轴6

技术要求:

1. 按装配图装配成形，保证配合尺寸；
2. 件1与件2圆弧配合，涂色检查接触面积>70%；
3. 未注公差尺寸允许偏差±0.1 mm；
4. 未注倒角C1，锐角倒钝C0.2。

等级	三级	数控车工技能试题(2)		比例	1:1
时间	总180 min			材料	45钢
页码	第1页 共1页	配合件加工		图号	CK-3-02

$\sqrt{Ra3.2}$ （√ ）

说明:

1. 图中未标注尺寸部位由考评员当场宣布指定值；
2. 主要尺寸A或B或C超差≥0.5 mm时倒扣41分。

尺寸	指定值(整数)	范围
A		35~38
B		25~27
C		28~31

评分表2

数控车工(三级)技能试题(2)评分记录表

名称:配合件加工　　　图号:CK-3-02　　考件编号

序号	项目		考核内容	配分	评分标准	检测结果	得分	扣分
1	否定项		安全操作	0	发生撞刀等严重生产事故,终止鉴定			
			主要外径尺寸	0	尺寸超差大于等于0.5 mm,扣41分			
2	配合		装配成形	2	不能装配不得分			
			接触面积>70%	4	不符不得分			
			28±0.05	5	超差不得分			
3	件1	外圆	$\phi A(\ )^{+0.034}_{+0.009}$	7	超差不得分			
			$\phi B(\ )^{0}_{-0.033}$	6	超差不得分			
			$\phi 48^{0}_{-0.039}$	5	超差不得分			
			$\phi 44^{-0.009}_{-0.048}$	5	超差不得分			
			$\phi 40^{0}_{-0.05}$	4	超差不得分			
		长度	$98^{0}_{-0.08}$	3	超差不得分			
			$15^{+0.05}_{0}$	3	超差不得分			
			$5^{0}_{-0.05}$	5	超差不得分			
		其他	椭圆轮廓	6	不符不得分			
			M27×1.5-6g	6	超差不得分			
			R10	4	超差一处扣1分			
			Ra1.6(5处)	5	降级一处扣1分			
			Ra3.2(4处)	2	降级一处扣0.5分			
			倒角、锐角倒钝	2	一处不符扣1分,扣完为止			
4	件2	外圆	$\phi 41^{0}_{-0.025}$	6	超差不得分			
		内孔	$\phi C(\ )^{+0.034}_{+0.009}$	7	超差不得分			
		长度	$40^{0}_{-0.08}$	3	超差不得分			
			$20^{+0.05}_{0}$	4	超差不得分			
		其他	Ra1.6(3处)	3	降级一处扣1分			
			倒角、锐角倒钝	2	一处不符扣1分,扣完为止			

序号	项目	考核内容	配分	评分标准	检测结果	得分	扣分
5	一般尺寸	未注公差尺寸	2	超差一处扣 0.5 分			
6	安全文明生产	零件装夹、刀具安装和加工工艺正确	0	一处不合理扣 2 分			
		机床操作规范	0	操作不规范扣 2~5 分			
		保养机床和量具正确	0	没有保养扣 2~5 分			
	配分		100	总　得　分			

样题 2 参考答案及评分标准

一、选择题（第 1～60 题）

评分标准：每题答对 1 分；答错可漏答不给分，也不扣分。

1	2	3	4	5	6	7	8	9	10
B	A	C	B	A	C	C	C	B	B
11	12	13	14	15	16	17	18	19	20
A	B	C	A	D	A	D	A	D	A
21	22	23	24	25	26	27	28	29	30
A	D	A	B	B	D	B	D	B	C
31	32	33	34	35	36	37	38	39	40
A	A	A	C	B	B	D	B	A	C
41	42	43	44	45	46	47	48	49	50
D	B	D	C	B	A	B	D	B	B
51	52	53	54	55	56	57	58	59	60
C	A	A	C	A	D	B	D	C	C

二、判断题（第 61～80 题）

评分标准：每题答对 1 分；答错可漏答不给分，也不扣分。

61	62	63	64	65	66	67	68	69	70
√	√	×	×	√	×	√	√	√	√
71	72	73	74	75	76	77	78	79	80
√	√	√	√	√	×	√	√	√	×

三、多选题（第 81～100 题）

评分标准：每题答对 1 分；答错可漏答不给分，也不扣分。

81	82	83	84	85	86	87	88	89	90
ABC	ACDE	ABCD	BCD	ABC	ABCDE	ABCD	ABCD	AD	ABC
91	92	93	94	95	96	97	98	99	100
ABCD	BD	ABE	ABCD	ABCDE	ABC	ABD	BD	BC	ACD